华 章 数 学 译 丛

76

Introduction to Online Convex Optimization

在线凸优化

概念、架构及核心算法

[美] 埃拉德·哈赞 著
（Elad Hazan）

张文博 张丽静 译

机械工业出版社
CHINA MACHINE PRESS

图书在版编目（CIP）数据

在线凸优化：概念、架构及核心算法 /（美）埃拉德·哈赞（Elad Hazan）著；张文博，张丽静译 . -- 北京：机械工业出版社，2021.9（2023.7 重印）
（华章数学译丛）

书名原文：Introduction to Online Convex Optimization

ISBN 978-7-111-69022-1

I.①在… II.①埃… ②张… ③张… III.①凸分析 - 最优化算法 - 教材 IV.① O174.13

中国版本图书馆 CIP 数据核字（2021）第 176456 号

北京市版权局著作权合同登记　图字：01-2020-4201 号。

本书首先讲解在线凸优化的基本概念、架构和核心算法，然后介绍 Bandit 凸优化、无投影算法和学习理论等高级算法及其与机器学习范式之间的关系. 可作为计算机科学、统计学以及相关领域研究生的在线凸优化和凸优化与机器学习结合等课程的教材.

出版发行：机械工业出版社（北京市西城区百万庄大街 22 号　邮政编码：100037）

责任编辑：王春华　孙榕舒		责任校对：殷　虹	
印　　刷：北京捷迅佳彩印刷有限公司		版　　次：2023 年 7 月第 1 版第 2 次印刷	
开　　本：186mm×240mm　1/16		印　　张：11.75	
书　　号：ISBN 978-7-111-69022-1		定　　价：69.00 元	

客服电话：(010) 88361066　68326294

前　言

本书可用作大量在线凸优化（Online Convex Optimization, OCO）理论的导论. 它是一本针对研究生课程的基础内容设计的高等教材, 可作为深入优化与机器学习交叉领域的研究人员的参考书.

这一课程于 2010~2014 年在 Technion 开设, 每一年都有一些小的变化, 之后于 2015~2016 年在普林斯顿大学开设. 这些课程中的核心材料在本书中均有涉及, 同时本书也附带了习题以便学生完成部分计算和证明, 还有一些具有启发性和发人深省的内容. 多数材料是以应用实例的形式给出的, 这些例子贯穿不同的主题, 包括来自专家建议的预测（prediction from expert advice）、投资组合选择（portfolio selection）、矩阵补全（matrix completion）和推荐系统（recommendation system）、支持向量机（Support Vector Machine, SVM）的训练等.

希望本书可以为读者、教师和研究人员提供帮助.

请将本书置于机器学习的图书馆中

近年来, 在机器学习广阔领域的子学科, 如在线学习（online learning）、提升方法（boosting）、博弈中的遗憾值最小化方法（regret minimization in games）、通用预测方法（universal prediction）和其他相关主题中出现了大量的入门文献.

在本书中, 很难对所有这些内容进行取舍, 但它们也许指出了本书在读者拥有的虚拟图书馆中的位置.

紧挨着本书的应当是 Cesa-Bianchi 和 Lugosi[29] 的精彩教材, 正是它启迪了本书的撰写. 事实上, 它启迪了博弈论中学习方法的整个领域. 另外, 有着无数有关凸优化和凸分析的入门文献, 包括 [23, 78, 76, 77, 21, 92]. 有关机器学习的文献太多了, 不可能在此一一给出.

本书的主要目的是为在线凸优化和凸优化与机器学习相结合的课程提供教材. 在线凸优化已经在很多综述和入门文献（例如 [53, 97, 85, 87]）中产生了足够大的影响. 希望本书能进一步丰富这些文献.

本书的结构

本书旨在为计算机科学、电气工程、运筹学、统计学及相关领域的研究生提供自学课程的参考. 因此, 本书遵循了在 Technion 讲授的 "决策分析" 课程的架构.

根据课程的深度和广度, 每一章都应讲授一周或两周. 第 1 章为导论, 因此没有其他部分那么严格.

全书可以粗略地分成两个部分: 第一部分从第 2 章到第 5 章, 包括在线凸优化的基本概念、架构和核心算法; 第二部分从第 6 章到第 9 章, 旨在处理更高级的算法、更困难的设定和与著名的机器学习范式之间的关系.

致　　谢

首先, 非常感谢 2010~2014 年在 Technion 讲授 "决策分析", 以及 2015~2016 年在普林斯顿大学讲授 "机器学习理论" 课程时的学生所做的大量贡献和给出的见解.

感谢给予我建议和指正的朋友、同事和学生. 他们包括: Sanjeev Arora、Shai Shalev-Shwartz、Aleksander Madry、Yoram Singer、Satyen Kale、Alon Gonen、Roi Livni、Gal Lavee、Maayan Harel、Daniel Khasabi、Shuang Liu、Jason Altschuler、Haipeng Luo、Zeyuan Allen-Zhu、Mehrdad Mahdavi、Jaehyun Park、Baris Ungun、Maria Gregori、Tengyu Ma、Kayla McCue、Esther Rolf、Jeremy Cohen、Daniel Suo、Lydia Liu、Fermi Ma、Mert Al、Amir Reza Asadi、Carl Gabel、Nati Srebro、Abbas Mehrabian、Chris Liaw、Nikhil Bansal、Naman Agarwal、Raunak Kumar、Zhize Li、Sheng Zhang、Swati Gupta 和 Xinyi Chen.

感谢 Udi Aharoni 的艺术创作, 他为本书制作了演示算法的插图.

永远感谢我的导师 Sanjeev Arora, 没有他, 本书不可能完成.

最后, 感谢我的妻子和孩子们的爱和支持: Dana、Hadar、Yoav 和 Oded.

Elad Hazan

普林斯顿

目　　录

第 1 章 导 论

在本书中, 优化 (optimization) 被看作一个过程 (process). 在很多实际应用中, 环境过于复杂, 以至于无法建立一个全面的理论模型并应用经典的算法理论和数学优化. 选择一个通过边推进边学习的优化方法, 能够在对问题进行更多考察后得到的经验中学习的稳健的方法是必要且有益的. 这一将优化视为过程的观点已经被很多不同的领域接受, 并在建模和现代日常生活的部分系统中取得了惊人的成就.

不断增长的有关机器学习、统计学、决策科学和数学优化的文献模糊了经典意义下的确定型建模、随机建模和优化方法之间的区别. 本书将继续这一趋势, 研究一种在数学科学中准确定位不清晰的特殊优化架构: 在线凸优化 (Online Convex Optimization, OCO) 架构, 该架构在机器学习的文献中首先定义 (参考本章末尾的文献点评). 该架构度量成功的指标借鉴于博弈论 (game theory), 架构与统计学习理论 (statistical learning theory) 和凸优化 (convex optimization) 紧密相关.

本书接受这些有益的关联, 并刻意不去使用某些特定的行业术语. 与其他书籍不同的是, 本书将从可被模型化且通过在线凸优化方法求解的实际问题开始, 逐步给出其严格的定义、背景和算法. 在此过程中, 将始终保持与其他领域中文献的关联. 期望读者能够从自己的研究领域出发, 为这些相关的理解做出贡献, 并推动这一有趣主题相关文献的扩展.

1.1 在线凸优化模型

在在线凸优化问题中，一个在线参与者（玩家）迭代式地做出决策. 在做每一个决策时，与他的选择相关的结果对参与者来说是未知的.

在做出决策后，决策者会付出一个代价：每一个可能的决策都会付出一个（可能是不同的）代价. 这些代价是决策者无法提前预知的，可以由对手选择，甚至取决于决策者自身采取的行动.

此时，为使得这个架构有意义，定义一些约束是非常必要的：

- 对手给出的代价不允许是无界的. 否则对手可以在每一步中不断降低代价的值，使得算法永远不能从第一次支付代价后恢复. 因此代价被假定为局限在某一个有界范围内.

- 尽管决策集中元素的个数不必是有限的，但它必须是有界的，且/或是有结构的.

  为理解这一规定的必要性，可考虑在一个无穷可能决策集合上的决策问题. 对手可以在参与者选择的所有策略上不固定地附加较高的代价，并令其他策略的代价为零. 这就使得任何有意义的性能指标都无法使用.

令人惊讶的是，在不超过这两个约束的情况下，可以导出一些有趣的结论和算法. 在在线凸优化架构模型中，决策集被模型化为欧氏空间中的一个凸集，记为 $\mathcal{K} \subset \mathbb{R}^n$. 代价被模型化为 $\mathcal{K}$ 上的有界凸函数.

OCO 架构可以看作一个有结构的、不断重复的博弈过程. 这一学习架构的规则如下：

在第 t 次迭代时，在线参与者选择 $x_t \in \mathcal{K}$. 在参与者做出这一选择后，给出一个凸代价函数 $f_t \in \mathcal{F} : \mathcal{K} \mapsto \mathbb{R}$. 此处 $\mathcal{F}$ 为对手可以使用的有界代价函数族.

在线参与者付出的代价为 $f_t(x_t)$, 即选择 x_t 时代价函数的值. 令 T 表示博弈进行的总迭代次数.

是什么使得一个算法成为好的 OCO 算法呢? 由于该架构为一个博弈过程, 它天然具有对抗性, 其合理的性能评估指标也将来自博弈论: 决策者的**遗憾**（regret）定义为在事后来看, 决策者做出决策所付出的总代价与固定的最好决策总代价之间的差. 在 OCO 中, 通常对一个算法在最坏情况下做出决策的遗憾上界感兴趣.

令 $\mathcal{A}$ 为一个 OCO 算法, 它将某特定博弈中的历史决策映射到决策集合中. 经 T 次迭代后, $\mathcal{A}$ 的遗憾的形式化定义为:

$$\text{遗憾}_T(\mathcal{A}) = \sup_{\{f_1,\cdots,f_T\}\subseteq\mathcal{F}}\left\{\sum_{t=1}^{T}f_t(x_t) - \min_{\boldsymbol{x}\in\mathcal{K}}\sum_{t=1}^{T}f_t(\boldsymbol{x})\right\} \tag{1.1}$$

直观地讲, 如果一个算法的遗憾是 T 的次线性函数, 即遗憾$_T(\mathcal{A}) = o(T)$, 则该算法的性能较好, 因为这意味着算法的平均性能在事后看来与最好的固定策略是一样的.

在一个 T 迭代重复博弈中, 在线优化算法的执行时间定义为在迭代 $t \in [T]^{\ominus}$ 时, 最坏情形下得到 x_t 所需的时间. 通常, 执行时间会依赖于 n （决策集 $\mathcal{K}$ 的维数）、T（博弈迭代的总次数）、代价函数的参数及基本凸集.

1.2　可以用 OCO 建模的例子

OCO 在最近数年成为在线学习主要架构的原因也许是其极强的建模能力: 来自不同领域的问题, 例如在线路由、搜索引擎的广告选择和垃圾邮件的过滤,

---

　　⊖　此处及以后, 符号 $[n]$ 表示整数集合 $\{1,\cdots,n\}$.

都可以被模型化为这一问题的特例. 本节将简要介绍几个特殊情形以及怎样才能将它们转化到 OCO 架构下.

从专家建议中预测

也许在预测理论中一个最为熟知的问题就是所谓的"专家建议问题". 决策者需要在专家给出的 n 个建议中进行选择. 在做出选择后, 她会支付一个 0 和 1 之间的代价. 这一场景被重复迭代, 且在每一次迭代时, 不同专家的代价值是任意的（它们甚至有可能是敌对的, 试图误导决策者）. 决策者的目标是在事后看, 尽可能与最好的专家得到的结果相同.

在线凸优化问题将这一问题刻画为: 决策集是所有 n 元（专家）分布的集合, 即一个 n 维单形 $\mathcal{K} = \Delta_n = \{\boldsymbol{x} \in \mathbb{R}^n, \sum_i x_i = 1, x_i \geqslant 0\}$. 令第 i 个专家在迭代 t 时的代价为 $\boldsymbol{g}_t(i)$, $\boldsymbol{g}_t$ 为所有 n 个专家的代价向量. 于是, 代价函数就是以分布 $\boldsymbol{x}$ 选择专家时, 代价的期望值, 它可由线性函数 $f_t(\boldsymbol{x}) = \boldsymbol{g}_t^{\mathrm{T}} \boldsymbol{x}$ 给出.

这样, 从专家建议中预测的问题就转化为一个 OCO 问题的特例, 其决策集为一个单形, 代价函数在 ℓ_∞（就是取其最大的元素值）意义下为线性、有界函数, 且最大取值为 1. 代价函数的界可由代价向量 $\boldsymbol{g}_t$ 中各个元素的界导出.

专家建议问题在机器学习中的根本重要性值得特别关注, 本章的最后将回到这一问题, 并对它进行详细分析.

在线垃圾邮件过滤

考虑一个在线垃圾邮件过滤系统. 进入该系统的邮件被不断地分类为垃圾邮件或正常邮件. 显然这一系统必须处理对手产生的数据, 并随着输入的变化而动态变化——这是 OCO 模型的一个特点.

这一模型中的线性变体可以通过将邮件根据 "单词包" 用向量形式表示来得到. 每一封邮件可以表示为一个向量 $x \in \mathbb{R}^d$, 其中 d 为字典中单词的数量. 仅在向量元素表示的单词出现在邮件中时, 该元素才被赋值为 1, 否则该向量中所有元素的值都是 0.

为预测一封邮件是否为垃圾邮件, 需要学习一个过滤器, 例如一个向量 $x \in \mathbb{R}^d$. 一般来说, 这一向量的欧式范数的界是基于先验经验的, 且在实践中是一个有着重要意义的参数.

利用过滤器 $x \in \mathbb{R}^d$ 对一个邮件 $a \in \mathbb{R}^d$ 进行的分类可用这两个向量内积的符号给出, 即 $\hat{y} = \text{sign}\langle x, a \rangle$ （例如, +1 表示正常邮件, −1 表示垃圾邮件）.

在在线垃圾邮件过滤的 OCO 模型中, 决策集被取为所有范数有界的线性过滤器集合, 即有特定半径的欧氏球. 代价函数的确定是根据到达系统的邮件流及它们对应的标签来确定的（系统有可能知道这些标签, 在特定情形下可能完全知道, 或者完全不知道）. 令 (a, y) 为一个邮件/标签对. 则过滤器集合上对应的代价函数就可以用 $f(x) = \ell(\hat{y}, y)$ 给出. 此处 $\hat{y}$ 为过滤器 x 给出的分类结果, y 为真正的标签, ℓ 为一个凸的代价函数, 例如, 二次代价函数 $\ell(\hat{y}, y) = (\hat{y} - y)^2$.

在线最短路径

在在线最短路径问题中, 决策者会得到一个有向图 $G = (V, E)$, 其中有一个源-汇对 $u, v \in V$. 在每一迭代 $t \in [T]$ 时, 决策者选择一条路径 $p_t \in \mathcal{P}_{u, v}$, 其中 $\mathcal{P}_{u, v} \subseteq E^{|V|}$ 为图中所有 u-v 路径的集合. 对手独立地选择图中各边的权重（长度）, 它们可以用从边到实数的映射 $w_t : E \mapsto \mathbb{R}$ 给出, 即可表示为一个向量 $w_t \in \mathbb{R}^m$, 其中 $m = |E|$. 决策者付出并观察到了代价, 该代价是一个已选择路径的加权长度 $\sum_{e \in p_t} w_t(e)$.

这一问题可被离散地描述为一个专家建议问题，其中每一条路径对应一个专家，这是一个有关效率的挑战. 用图论的术语来表示问题的大小时，可以说路径的条数是指数型的.

此外，在线最短路径问题也可用 OCO 架构描述为如下的形式. 注意到图中路径（流）上所有分布构成集合的标准描述为 $\mathbb{R}^m$ 中的凸集，其约束的个数为 $O(m+|V|)$（图 1.1）. 将这一流多面体（flow polytope）记为 $\mathcal{K}$. 于是，一个给定的流 $\boldsymbol{x} \in \mathcal{K}$（路径中的一个分布）的期望成本就是一个线性函数，它可由 $f_t(\boldsymbol{x}) = \boldsymbol{w}_t^{\mathrm{T}} \boldsymbol{x}$ 给出，其中 $\boldsymbol{w}_t(e)$ 仍为边 $e \in E$ 的长度. 这种内在简洁的公式就能得到计算高效的算法.

$$\sum_{e=(u,w),w \in V} \boldsymbol{x}_e = 1 = \sum_{e=\langle w,v \rangle, w \in V} \boldsymbol{x}_e \qquad \text{流量为一}$$

$$\forall w \in V \backslash \{u,v\} \sum_{e=(v,x) \in E} \boldsymbol{x}_e = \sum_{e=\langle x,v \rangle \in E} \boldsymbol{x}_e \qquad \text{流量守恒}$$

$$\forall e \in E \quad 0 \leqslant \boldsymbol{x}_e \leqslant 1 \qquad \text{容量约束}$$

图 1.1   定义流多面体的线性等式和不等式，它是所有 u-v 路径的凸包

投资组合的选择

本节考虑一个对股票市场不做任何统计性假设（用以区别于传统的几何布朗运动股票价格模型）的投资组合选择模型，并将其称为"通用投资组合选择"（universal portfolio selection）模型.

在每一迭代 $t \in [T]$ 中，决策者在 n 种资产上选择其财富的一个分布 $\boldsymbol{x}_t \in \Delta_n$. 对手独立地选择资产的回报，即一个所有元素都严格为正的向量 $\boldsymbol{r}_t \in \mathbb{R}^n$，其每一个分量 $\boldsymbol{r}_t(i)$ 表示资产 i 在迭代 t 和 $t+1$ 之间价格的比值. 投资者在选

代 $t+1$ 和 t 时财富的比值为 $\boldsymbol{r}_t^{\mathrm{T}}\boldsymbol{x}_t$, 因此这一设定下的收益就定义为该财富比例变化的对数 $\log\left(\boldsymbol{r}_t^{\mathrm{T}}\boldsymbol{x}_t\right)$. 注意到由于 $\boldsymbol{x}_t$ 为投资者财富的分布, 即便有 $\boldsymbol{x}_{t+1}=\boldsymbol{x}_t$, 由于价格的变化, 投资者仍然需要通过交易来调整资产.

在此种情形下, 最小化遗憾的目标是最小化差 $\max_{\boldsymbol{x}^\star\in\Delta_n}\sum_{t=1}^{T}\log\left(\boldsymbol{r}_t^{\mathrm{T}}\boldsymbol{x}^\star\right)-\sum_{t=1}^{T}\log\left(\boldsymbol{r}_t^{\mathrm{T}}\boldsymbol{x}_t\right)$, 这是非常直观的. 公式中的第一项是财富的对数, 它是由尽可能好的事后分布 $\boldsymbol{x}^\star$ 所累积的. 由于这一分布是固定的, 它对应于每一个交易期后重新平衡头寸的策略, 因此, 它被称为**持续的再平衡投资组合**（constant rebalanced portfolio）. 第二项就是在线决策者累积财富的对数. 因此最小化遗憾就对应于最大化投资者的财富与一个投资策略集中最佳基准财富的比值.

在这一设定下, 通用（universal）投资组合选择算法被定义为求得的遗憾收敛于零的算法. 尽管这一算法需要使用指数次的计算时间, 但它最先是由 Cover 提出的（参见本章末尾的文献点评）. OCO 架构则给出了基于牛顿方法的更为有效的算法. 这一问题将在第 4 章进行详细研究.

矩阵补全和推荐系统

Netflix 在线视频库、Spotify 音乐服务等大型媒体发布系统的普及催生了超大规模的推荐系统. 对于自动推荐来说, 一种常用且成功的模型就是矩阵补全模型.

在这一数学模型中, 推荐被看作矩阵的补全. 用户被表示为行向量, 不同的媒体对应其各列, 在特定用户/媒体对的位置处, 用一个数值来表示用户对特定媒体的偏好程度.

例如, 在对音乐进行二进制推荐时, 可得到一个矩阵 $X\in\{0,1\}^{n\times m}$, 其

中 n 为总人数, m 为曲库中歌曲的数量, 0/1 分别表示不喜欢/喜欢:

$$X_{ij} = \begin{cases} 0, & \text{第 } i \text{ 个人不喜欢歌曲 } j \\ 1, & \text{第 } i \text{ 个人喜欢歌曲 } j \end{cases}$$

在在线设定下, 决策者在每一次迭代后都得到一个有关偏好的矩阵 $X_t \in \mathcal{K}$, 其中 $\mathcal{K} \subseteq \{0,1\}^{n \times m}$ 为所有可能的 0/1 矩阵的一个子集. 于是, 一个对手按照 "真实" 的偏好 $y_t \in \{0,1\}$ 选择了一个用户/歌曲对 (i_t, j_t). 则决策者付出的代价可以描述为如下的凸代价函数:

$$f_t(X) = (X_{i_t, j_t} - y_t)^2$$

此种情形下, 自然比较器是一个低秩的矩阵, 它对应于直觉地认为偏好是由少数未知因素决定的. 针对这一比较器的遗憾意味着在平均意义下, 最好的低秩矩阵有着最小的偏好预测误差.

在第 7 章中将回顾这一问题并探索该问题的有效算法.

1.3　一个温和的开始: 从专家建议中学习

考虑如下的基本迭代决策问题:

在每一个时间步 $t = 1, 2, \cdots, T$, 决策者面临着从两个行动 A 和 B 中选择一个的问题（即出售或购买某一股票）. 决策者能够从 N 个 "专家" 处得到建议. 在决策者从两个行动中选择了一个后, 会得到每一个决策相关代价的反馈. 为简单起见, 其中一个决策的代价设为 0（即 "正确的" 决策）, 另一个决策的代价为 1.

考查可得如下的基本结论:

1. 一个决策者如果在每一迭代中在两个行动中均匀地进行随机选择, 其平凡的代价为 $\frac{T}{2}$, 且总体来看 50% 是 "正确的".

2. 就错误的数量而言, 在最坏情况下不存在能够做得更好的算法. 在后面的习题中, 我们将设计一种随机的设定, 在此设定下任何算法的预期错误的数量都至少是 $\frac{T}{2}$.

因此, 这使得人们去考虑一个相对性能指标 (relative performance metric): 能否使决策者在事后看来与最好的专家出现一样少的错误? 下面的定理表明, 在最坏情况下, 对一个确定型的决策者, 这一问题的答案是否定的.

定理 1.1 令 $L \leqslant \frac{T}{2}$ 表示在事后看来最好专家的错误数量. 于是, 不存在一个确定型的算法可以保证得到少于 $2L$ 的错误.

证明 假设只有两个专家, 其中一个总是选择选项 A, 而另一个总是选择选项 B. 考虑的设定为对手总是选择与预测结果相反的选项 (她是可以这样做的, 因为使用的算法是确定型的). 于是, 算法造成错误的总数为 T. 但是, 最好的专家所犯的错误不超过 $\frac{T}{2}$ (在每一个迭代步两个专家中恰有一个专家会出现错误). 因此, 没有算法总能够保证错误的数量少于 $2L$ 个.   □

这一考查使得人们设计了一种随机决策的算法, 且事实上, OCO 架构在连续型概率空间上优雅地建立了决策模型. 后面将证明引理 1.3 和引理 1.4, 以得到定理 1.2.

定理 1.2 令 $\varepsilon \in \left(0, \frac{1}{2}\right)$. 设最好的专家所犯的错误数量为 L. 则

1. 存在一种有效的确定型算法保证错误的数量小于 $2(1+\varepsilon)L + \frac{2\log N}{\varepsilon}$;

2. 存在一种有效的随机型算法使错误数量的期望最大为 $(1+\varepsilon)L+\dfrac{\log N}{\varepsilon}$.

1.3.1 加权多数算法

加权多数（Weighted Majority, WM）算法可以被直观地描述为：在每一个迭代 t, 给每一个专家 i 赋予权重 $W_t(i)$. 初始时, 对所有的专家 $i \in [N]$, 令 $W_1(i) = 1$. 对所有的 $t \in [T]$, 令 $S_t(A), S_t(B) \subseteq [N]$ 分别为在时刻 t 选择 A 和 B 的专家集合. 定义

$$W_t(A) = \sum_{i \in S_t(A)} W_t(i) \qquad W_t(B) = \sum_{i \in S_t(B)} W_t(i)$$

并根据下式预测：

$$a_t = \begin{cases} A, & \text{若 } W_t(A) \geqslant W_t(B) \\ B, & \text{其他情形} \end{cases}$$

接下来, 采用如下的方式更新权重 $W_t(i)$:

$$W_{t+1}(i) = \begin{cases} W_t(i) & \text{若专家 } i \text{ 是正确的} \\ W_t(i)(1-\varepsilon) & \text{若专家 } i \text{ 错了} \end{cases}$$

其中 ε 为可能影响算法性能的一个参数. 至此就得到了加权多数算法的描述. 下面考虑该算法造成的错误的数量.

引理 1.3   用 M_t 表示直到时刻 t 算法的错误数, $M_t(i)$ 表示直到时刻 t 专家 i 的错误数. 则对任意专家 $i \in [N]$, 有

$$M_T \leqslant 2(1+\varepsilon)M_T(i) + \frac{2\log N}{\varepsilon}$$

可以优化 ε 来最小化上述的界. 表达式右边项的形式为 $f(x) = ax + b/x$, 其最小值在 $x = \sqrt{b/a}$ 处取得. 因此其界在 $\varepsilon^\star = \sqrt{\log N / M_T(i)}$ 处取得. 利用这一最优的 ε 值, 可知对最好的专家 $i^\star$,

$$M_T \leqslant 2M_T(i^\star) + O\left(\sqrt{M_T(i^\star) \log N}\right)$$

当然, $\varepsilon^\star$ 的值不能做得更好了, 因为不知道对全部时间来说哪一个专家是最好的 (因此不知道 $M_T(i^\star)$ 的值). 但是, 在后面将会看到, 即便不使用这些先验的知识, 也可以得到相同的渐近界.

现在证明引理 1.3.

证明　对所有 $t \in [T]$, 令 $\Phi_t = \sum_{i=1}^{N} W_t(i)$, 并记 $\Phi_1 = N$.

注意到 $\Phi_{t+1} \leqslant \Phi_t$. 但对 WM 算法错误的迭代, 有

$$\Phi_{t+1} \leqslant \Phi_t\left(1 - \frac{\varepsilon}{2}\right)$$

因为总权重中至少有一半的专家错了 (否则 WM 算法不会犯错), 因此

$$\Phi_{t+1} \leqslant \frac{1}{2}\Phi_t(1 - \varepsilon) + \frac{1}{2}\Phi_t = \Phi_t\left(1 - \frac{\varepsilon}{2}\right)$$

根据所有考查结果,

$$\Phi_t \leqslant \Phi_1\left(1 - \frac{\varepsilon}{2}\right)^{M_t} = N\left(1 - \frac{\varepsilon}{2}\right)^{M_t}$$

另一方面, 由任一专家 i 的定义, 有

$$W_T(i) = (1 - \varepsilon)^{M_T(i)}$$

由于 $W_T(i)$ 的值总是小于所有权重的和 Φ_T, 可以得到

$$(1-\varepsilon)^{M_T(i)} = W_T(i) \leqslant \Phi_T \leqslant N\left(1-\frac{\varepsilon}{2}\right)^{M_T}$$

将上式两边取对数可得

$$M_T(i)\log(1-\varepsilon) \leqslant \log N + M_T \log\left(1-\frac{\varepsilon}{2}\right)$$

接下来, 使用如下的近似

$$-x - x^2 \leqslant \log(1-x) \leqslant -x \qquad 0 < x < \frac{1}{2}$$

这一结果可由对数函数的泰勒展开式得到, 故有

$$-M_T(i)(\varepsilon + \varepsilon^2) \leqslant \log N - M_T\frac{\varepsilon}{2}$$

此即引理.   □

1.3.2 随机加权多数算法

在 WM 算法的随机版本（记为 RWM）中, 时刻 t 时选择专家 i 的概率密度函数为 $p_t(i) = W_t(i)/\sum_{j=1}^{N} W_t(j)$.

引理 1.4 令 M_t 表示直到迭代 t 时 RWM 算法的错误数. 则对任意专家 $i \in [N]$, 有

$$E[M_T] \leqslant (1+\varepsilon)M_T(i) + \frac{\log N}{\varepsilon}$$

这一引理的证明与前一个非常类似, 其中的因子 2 由于引入了随机性而被去掉了:

证明 如前, 对所有 $t \in [T]$, 令 $\Phi_t = \sum_{i=1}^{N} W_T(i)$, 并记 $\Phi_1 = N$. 令 $\tilde{m}_t = M_t - M_{t-1}$ 为指示变量, 若 RWM 算法在迭代 t 出现错误, 则变量对应位置的取值为 1. 若专家 i 在迭代 t 给出了错误的结果, 令 $m_t(i)$ 等于 1, 否则为 0. 考虑权重的和:

$$
\begin{aligned}
\Phi_{t+1} &= \sum_i W_t(i)(1 - \varepsilon m_t(i)) \\
&= \Phi_t \left(1 - \varepsilon \sum_i p_t(i) m_t(i) \right) \qquad p_t(i) = \frac{W_t(i)}{\sum_j W_t(j)} \\
&= \Phi_t (1 - \varepsilon E[\tilde{m}_t]) \\
&\leqslant \Phi_t e^{-\varepsilon E[\tilde{m}_t]} \qquad\qquad 1 + x \leqslant e^x
\end{aligned}
$$

另一方面, 由任一专家 i 的定义有

$$
W_T(i) = (1 - \varepsilon)^{M_T(i)}
$$

因为 $W_T(i)$ 的取值总是小于所有权重的和 Φ_T, 可以得出结论

$$
(1 - \varepsilon)^{M_T(i)} = W_T(i) \leqslant \Phi_T \leqslant N e^{-\varepsilon E[M_T]}
$$

将上式两边取对数可得

$$
M_T(i) \log(1 - \varepsilon) \leqslant \log N - \varepsilon E[M_T]
$$

接下来, 使用近似

$$
-x - x^2 \leqslant \log(1 - x) \leqslant -x, \quad 0 < x < \frac{1}{2}
$$

可得

$$-M_T(i)\left(\varepsilon+\varepsilon^2\right)\leqslant\log N-\varepsilon E\left[M_T\right]$$

此即引理.   □

1.3.3 对冲

RWM 算法实际上更为一般: 可以考虑使用一个非负的实数 $\ell_t(i)$ 来度量每一个专家的表现, 而不再考虑离散的错误数量, 此处该值表示专家 i 在迭代 t 时的代价（loss）. 随机加权多数算法保证了决策者在使用其建议时, 付出的代价逼近事后最好专家的代价.

从历史上看, 这一现象可通过一个不同的, 但与其紧密相关的对冲算法观察到, 该算法总代价的界在本书后面将会是被关注的内容.

算法 1 对冲

1: 初始化: $\forall i\in[N],\ W_1(i)=1$

2: **for** $t=1$ 到 T **do**

3:    选择 $i_{t\sim_R}W_t$, 即 $i_t=i$ 的概率为 $\boldsymbol{x}_t(i)=\dfrac{W_t(i)}{\sum_j W_t(j)}$

4:    计算代价 $\ell_t(i_t)$.

5:    更新权重 $W_{t+1}(i)=W_t(i)\,\mathrm{e}^{-\varepsilon\ell_t(i)}$

6: **end for**

由此, 算法代价的期望用向量形式表示为

$$E\left[\ell_t(i_t)\right]=\sum_{i=1}^N \boldsymbol{x}_t(i)\,\ell_t(i)=\boldsymbol{x}_t^{\mathrm{T}}\ell_t$$

定理 1.5 令 ℓ_t^2 表示平方代价的 N 维向量, 即 $\ell_t^2(i) = \ell_t(i)^2$, 令 $\varepsilon > 0$, 并假设所有的代价都是非负的. 则对冲算法满足对任意专家 $i^\star \in [N]$,

$$\sum_{t=1}^T \boldsymbol{x}_t^{\mathrm{T}} \ell_t \leqslant \sum_{t=1}^T \ell_t(i^\star) + \varepsilon \sum_{t=1}^T \boldsymbol{x}_t^{\mathrm{T}} \ell_t^2 + \frac{\log N}{\varepsilon}$$

证明 如前, 对所有的 $t \in [T]$, 令 $\Phi_t = \sum_{i=1}^N W_t(i)$, 并记 $\Phi_1 = N$.

考虑权重的总和:

$$
\begin{aligned}
\Phi_{t+1} &= \sum_i W_t(i) \, \mathrm{e}^{-\varepsilon \ell_t(i)} \\
&= \Phi_t \sum_i \boldsymbol{x}_t(i) \, \mathrm{e}^{-\varepsilon \ell_t(i)} \qquad \boldsymbol{x}_t(i) = \frac{W_t(i)}{\sum_j W_t(j)} \\
&\leqslant \Phi_t \sum_i \boldsymbol{x}_t(i) (1 - \varepsilon \ell_t(i) + \varepsilon^2 \ell_t(i)^2) \qquad \text{当 } x \geqslant 0 \text{ 时}, \mathrm{e}^{-x} \leqslant 1 - x + x^2 \\
&= \Phi_t (1 - \varepsilon \boldsymbol{x}_t^{\mathrm{T}} \ell_t + \varepsilon^2 \boldsymbol{x}_t^{\mathrm{T}} \ell_t^2) \\
&\leqslant \Phi_t \mathrm{e}^{-\varepsilon \boldsymbol{x}_t^{\mathrm{T}} \ell_t + \varepsilon^2 \boldsymbol{x}_t^{\mathrm{T}} \ell_t^2} \qquad 1 + x \leqslant \mathrm{e}^x
\end{aligned}
$$

另一方面, 根据定义, 对专家 $i^\star$, 有

$$W_T(i^\star) = \mathrm{e}^{-\varepsilon \sum_{t=1}^T \ell_t(i^\star)}$$

由于 $W_T(i^\star)$ 的值总是小于全部权重的和 Φ_t, 可以得到

$$W_T(i^\star) \leqslant \Phi_T \leqslant N \mathrm{e}^{-\varepsilon \sum_t \boldsymbol{x}_t^{\mathrm{T}} \ell_t + \varepsilon^2 \sum_t \boldsymbol{x}_t^{\mathrm{T}} \ell_t^2}$$

将上式两边取对数, 得到

$$-\varepsilon \sum_{t=1}^T \ell_t(i^\star) \leqslant \log N - \varepsilon \sum_{t=1}^T \boldsymbol{x}_t^{\mathrm{T}} \ell_t + \varepsilon^2 \sum_{t=1}^T \boldsymbol{x}_t^{\mathrm{T}} \ell_t^2$$

将其化简就得到定理. $\square$

1.4　习题

1. （克劳德·香农的贡献）　构造两只股票的市场回报, 其中每一只股票的财富累积都以指数形式减少, 而最佳的持续再平衡投资组合的累积财富则会以指数形式增加. 更准确地说, 就是构造两个取值在 $(0, \infty)$ 之间的数列来表示回报, 它们满足:

（a）任何一只股票上投资财富的回报总是指数型减少的. 这意味着这些序列乘积前的数字是指数型减少的.

（b）在这两项资产上平等地进行投资, 并在每一次迭代后进行重新平衡, 总财富的增加是指数型的.

2. （a）考虑一个回报在 0 和一个正实数 $G > 0$ 之间取值的专家建议问题. 给出一个期望回报下界为

$$\sum_{t=1}^{T} E\left[\ell_t\left(i_t\right)\right] \geqslant \max_{i^\star \in [N]} \sum_{t=1}^{T} \ell_t\left(i^\star\right) - c\sqrt{T \log N}$$

的算法, 其中 c 是可以找到的最好常数（常数 c 应当与博弈的迭代数 T 和专家的数量 n 无关. 假设 T 是预先知道的）.

（b）假设上界 G 是预先不知道的. 给出一个性能渐近地与（a）中给出的相同的算法, 最多加上和/或乘以与 T、n、G 都无关的常数. 证明你的结论.

3. 考虑回报可以为负实数且取值范围在 $[-1, 1]$ 的专家建议问题. 给出一个能保证遗憾为 $O\left(\sqrt{T \log n}\right)$ 的算法并证明.

1.5 文献点评

OCO 模型由 Zinkevich[110] 首次定义, 此后在有关学习的社区中被广泛流传并得到显著推广（参见论文和综述 [52, 53, 97]）.

从专家建议中预测的问题和加权多数算法在 [71, 73] 中被引入. 这一开创性的工作是首先使用乘法更新的方法中的一个——它是在计算和学习领域中普遍使用的一种元算法, 更多细节请参见综述 [11]. 对冲算法是在 [44] 中引入的.

通用投资组合模型是在 [32] 中提出的, 它是最先出现最坏情形在线学习模型的例子. 对通用投资组合选择问题, Cover 给出了一个最优遗憾算法, 其执行时间是指数型的. 一个多项式时间复杂度的算法在 [62] 中给出, 此后在 [7, 54] 中被进一步加速. 大量有关这一问题的推广也出现在很多文献中, 包括附加了交易费用的问题 [20] 及与股票价格的几何布朗运动模型相关的问题 [56].

在他们极有影响力的文章中, Awerbuch 和 Kleinberg[14] 将 OCO 应用于在线路由问题. 此后, 又进行了大量的工作以改进其初始界, 并将其推广为一个完整的处理有限反馈决策问题的架构. 这一架构是 OCO 的一个推广, 被称为 Bandit 凸优化（Bandit Convex Optimization, BCO）. 有关这一领域进一步的文献点评在第 6 章专门讨论 BCO 架构的内容后.

第 2 章 凸优化的基本概念

本章对凸优化进行一般性介绍, 同时给出一些求解凸数学规划的基本算法. 尽管离线形式的凸优化不是本书的主要主题, 但在开始研究 OCO 问题之前, 回顾这些基本的定义和结果是非常必要的. 这将有助于评估 OCO 的优势和局限. 此外, 也给出一些在未来研究中必备的工具.

本章中的材料相对比较古老. 还有很多更广泛和详细的文献资料, 读者可参考本章最后给出的文献点评. 此处仅给出基本的分析, 并聚焦在后面将会用到的技术上.

2.1 基本定义和设定

本章的目标是在一个欧氏空间的凸子集上最小化一个连续的凸函数. 以后, 令 $\mathcal{K} \subseteq \mathbb{R}^d$ 为欧氏空间中的一个有界凸紧集. 用 D 表示 $\mathcal{K}$ 直径的一个上界:

$$\forall \boldsymbol{x}, \boldsymbol{y} \in \mathcal{K}, \quad \|\boldsymbol{x} - \boldsymbol{y}\| \leqslant D$$

若对任意 $\boldsymbol{x}, \boldsymbol{y} \in \mathcal{K}$, $\boldsymbol{x}$ 和 $\boldsymbol{y}$ 线段上的所有点都属于 $\mathcal{K}$, 即

$$\forall \alpha \in [0, 1], \quad \alpha \boldsymbol{x} + (1 - \alpha) \boldsymbol{y} \in \mathcal{K}$$

则称 $\mathcal{K}$ 为凸的. 若对任意 $\boldsymbol{x}, \boldsymbol{y} \in \mathcal{K}$, 函数 $f : \mathcal{K} \mapsto \mathbb{R}$ 满足

$$\forall \alpha \in [0, 1], \quad f\left((1 - \alpha) \boldsymbol{x} + \alpha \boldsymbol{y}\right) \leqslant (1 - \alpha) f(\boldsymbol{x}) + \alpha f(\boldsymbol{y})$$

则称 f 为凸的. 等价地说, 如果 f 是可微的, 即其梯度 $\nabla f(\boldsymbol{x})$ 在所有 $\boldsymbol{x} \in \mathcal{K}$ 处都存在, 则它凸的充要条件为对 $\forall \boldsymbol{x}, \boldsymbol{y} \in \mathcal{K}$,

$$f(\boldsymbol{y}) \geqslant f(\boldsymbol{x}) + \nabla f(\boldsymbol{x})^{\mathrm{T}} (\boldsymbol{y} - \boldsymbol{x})$$

对凸但不可微的函数 f, 其在点 $\boldsymbol{x}$ 处的次梯度（subgradient）定义为对所有的 $\boldsymbol{y} \in \mathcal{K}$, 满足上述条件的向量集合 $\{\nabla f(\boldsymbol{x})\}$ 中任意的一个元素.

用 $G > 0$ 表示 f 在 $\mathcal{K}$ 上次梯度范数的一个上界, 即对所有的 $\boldsymbol{x} \in \mathcal{K}$, 有 $\|\nabla f(\boldsymbol{x})\| \leqslant G$. 这一上界意味着函数 f 是依参数 G Lipschitz 连续的, 即对所有 $\boldsymbol{x}, \boldsymbol{y} \in \mathcal{K}$,

$$|f(\boldsymbol{x}) - f(\boldsymbol{y})| \leqslant G \|\boldsymbol{x} - \boldsymbol{y}\|$$

优化和机器学习的文献中研究具有有用性质的特殊类型凸函数, 这样做也使找到更为有效的优化方法成为可能. 特别地, 若一个函数满足

$$f(\boldsymbol{y}) \geqslant f(\boldsymbol{x}) + \nabla f(\boldsymbol{x})^{\mathrm{T}} (\boldsymbol{y} - \boldsymbol{x}) + \frac{\alpha}{2} \|\boldsymbol{y} - \boldsymbol{x}\|^2$$

则称它是 α 强凸（α-strongly convex）的. 若满足

$$f(\boldsymbol{y}) \leqslant f(\boldsymbol{x}) + \nabla f(\boldsymbol{x})^{\mathrm{T}} (\boldsymbol{y} - \boldsymbol{x}) + \frac{\beta}{2} \|\boldsymbol{y} - \boldsymbol{x}\|^2$$

则称它为 β 光滑（β-smooth）的. 下面的条件与梯度的 Lipschitz 条件是等价的, 即

$$\|\nabla f(\boldsymbol{x}) - \nabla f(\boldsymbol{y})\| \leqslant \beta \|\boldsymbol{x} - \boldsymbol{y}\|$$

若函数二阶可微且存在一个二阶导数（在函数有多个变量的情形下被称为一个黑塞矩阵），则上面的条件等价于黑塞矩阵（记为 $\nabla^2 f(\boldsymbol{x})$）满足的如下条件:

$$\alpha I \preccurlyeq \nabla^2 f(\boldsymbol{x}) \preccurlyeq \beta I$$

其中 $A \preccurlyeq B$ 表示矩阵 $B - A$ 为一个半正定（positive semidefinite）矩阵.

当函数 f 既 α 强凸，又 β 光滑时，它被称为是 γ 良态（γ-well-conditioned）的，其中 γ 为强凸性和光滑性之间的比值，也被称为 f 的条件数（condition number）

$$\gamma = \frac{\alpha}{\beta} \leqslant 1$$

2.1.1   在凸集上的投影

下面的算法需要使用在凸集上投影运算的概念，它定义为凸集中与一个给定点距离最近的点. 形式化地写为

$$\prod_{\mathcal{K}} (\boldsymbol{y}) \triangleq \underset{\boldsymbol{x} \in \mathcal{K}}{\arg\min} \|\boldsymbol{x} - \boldsymbol{y}\|$$

在不引起混淆的前提下，将去掉下标 $\mathcal{K}$. 有关给定点在紧凸集上投影存在且唯一的证明留给读者作为一个习题.

投影的计算复杂度是一个微妙的问题，它很大程度上取决于集合 $\mathcal{K}$ 自身所具有的特征. 更一般地，$\mathcal{K}$ 可被看作对成员的查询——一种能够高效确定一个给定的 $\boldsymbol{x}$ 是否属于 $\mathcal{K}$ 的过程. 此时，投影可以由多项式时间复杂度求得. 在特定情形下，投影可以用非常高效的近线性时间复杂度求得. 投影的计算复杂度及避免这一方法的优化算法将在第 7 章中一起进行讨论.

将被广泛使用的投影具有的一个重要性质就是 Pythagorean 定理 (如图 2.1 所示), 为了本书的完整性, 该定理在此处给出.

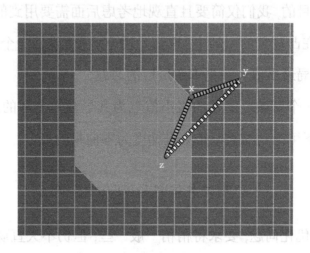

图 2.1 Pythagorean 定理

定理 2.1 (Pythagorean, 约公元前 500 年) 令 $\mathcal{K} \subseteq \mathbb{R}^d$ 为一个凸集, $y \in \mathbb{R}^d$ 且 $x = \Pi_{\mathcal{K}}(y)$. 则对任意 $z \in \mathcal{K}$, 有

$$\|y - z\| \geqslant \|x - z\|$$

需要指出的是, 存在一个更为一般的 Pythagorean 定理. 前述有关投影的定理和定义不仅在使用欧氏范数时是成立的, 在使用其他距离（但不是范数）的情形下也是成立的. 特别地, 类似的 Pythagorean 定理在使用 Bregman 散度时是成立的（参见第 5 章）.

2.1.2 最优条件简介

高中数学标准课程中包含了当一个函数（通常是一维函数）达到其局部最优或鞍点时所具有的基本事实. 将这些条件推广到多于一维的情形时, 它就被称为 KKT （Karush-Kuhn-Tucker）条件, 读者可参考本章末尾的文献点评, 对一般数学规划中的最优条件进行深入、严格的讨论.

为了本书的目的, 我们仅简要且直观地考虑后面需要用到的主要事实. 自然地, 本书将局限在凸规划的范畴中, 也正是由于这个原因, 一个凸函数的局部极小值也是一个全局最小值（参见本章最后的习题）.

将 $\mathbb{R}$ 上的一个可微凸函数的极小值点为其导数等于零的点的事实进行推广, 在高维情形下可得到的类似结果是梯度为零向量的点:

$$\nabla f(\boldsymbol{x}) = 0 \Leftrightarrow \boldsymbol{x} \in \underset{\boldsymbol{x} \in \mathbb{R}^n}{\arg\min} f(\boldsymbol{x})$$

对带约束的优化问题, 要求将稍稍一般一些, 但仍不失直观性: 在一个带约束凸函数的极小值点处, 负梯度向量和指向 $\mathcal{K}$ 内部的向量之间的内积是非正的. 这一结果在图 2.2 中给出, 它表明 $-\nabla f(\boldsymbol{x}^\star)$ 定义了 $\mathcal{K}$ 的一个支撑超平面. 其直观性在于, 如果内积为正, 则可以通过沿着负梯度方向运动来改进目标函数的取值. 这一事实可使用如下的定理形式化地给出.

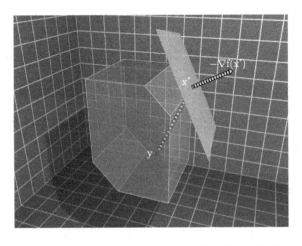

图 2.2　最优条件: 负（次）梯度指向外侧

定理 2.2 (Karush-Kuhn-Tucker) 令 $\mathcal{K} \subseteq \mathbb{R}^d$ 为一个凸集, $\boldsymbol{x}^\star \in \arg\min\limits_{\boldsymbol{x} \in \mathcal{K}} f(\boldsymbol{x})$. 于是对任意 $\boldsymbol{y} \in \mathcal{K}$ 有

$$\nabla f(\boldsymbol{x}^\star)^{\mathrm{T}} (\boldsymbol{y} - \boldsymbol{x}^\star) \geqslant 0$$

2.2 梯度、次梯度下降法

梯度下降（Gradient Descent, GD）法是最简单且最古老的优化方法. 它是一种迭代法（iterative method）——优化过程是使用迭代方法实现的, 每一次迭代都改进了目标函数. 其基本方法是迭代式地将当前的点沿着梯度的方向移动, 如果梯度是显式给出的, 则它是一个线性时间复杂度的运算（事实上, 对很多函数来说, 计算在特定点上的梯度是一个简单的线性时间复杂度运算）.

下表汇总了对不同凸参数的凸函数, GD 变体收敛速率的变化. 这些给出的速率中略去了界中（通常是很小）的常数——我们关注渐近速率.

在本节中, 仅对表 2.1 中的第一行进行说明. 加速方法和对它们的分析可以参见本章末尾的文献点评.

表 2.1 迭代次数、目标函数的光滑性和强凸性的函数表示的一阶方法收敛速率（以 h_t 下降）. 与其他参数和常数的相关性被忽略了, 这些参数和常数有 Lipchitz 常数、约束集的直径和与目标的距离. 一般情形下, 对不光滑的函数是不能加速的

	一般情形	α 强凸	β 光滑	γ 良态
梯度下降	$\dfrac{1}{\sqrt{T}}$	$\dfrac{1}{\alpha T}$	$\dfrac{\beta}{T}$	$\mathrm{e}^{-\gamma T}$
加速的 GD	—	—	$\dfrac{\beta}{T^2}$	$\mathrm{e}^{-\sqrt{\gamma} T}$

基本的梯度下降法——线性收敛

算法 2 给出了数学优化问题中基本梯度下降方法的模板. 它是一个模板, 因为步长的序列 $\{\eta_t\}$ 被用作输入参数, 且不同的算法对它们的选择也会存在一些不同.

算法 2　基本的梯度下降法

1: 输入: f, T, 初始点 $\boldsymbol{x}_1 \in \mathcal{K}$, 步长序列 $\{\eta_t\}$

2: **for** $t = 1$ 到 T **do**

3: 　令 $\boldsymbol{y}_{t+1} = \boldsymbol{x}_t - \eta_t \nabla f(\boldsymbol{x}_t)$, $\boldsymbol{x}_{t+1} = \Pi_{\mathcal{K}}(\boldsymbol{y}_{t+1})$

4: **end for**

5: **return** $\boldsymbol{x}_{T+1}$

尽管在实践中, η_t 的选择可以不同, 但在理论上, 传统 GD 算法的收敛性是人们熟知的, 并在下面的定理中给出. 在下文中, 令 $h_t = f(\boldsymbol{x}_t) - f(\boldsymbol{x}^\star)$.

首先给出一个用于简单无约束情形的证明是很有意义的, 也即 $\mathcal{K} = \mathbb{R}^d$ 的情形.

定理 2.3　对 γ 良态函数及 $\eta_t = \dfrac{1}{\beta}$ 的无约束最小化问题, GD 算法 2 的收敛性满足

$$h_{t+1} \leqslant h_1 \mathrm{e}^{-\gamma t}$$

证明　由强凸性, 对任一对 $\boldsymbol{x}, \boldsymbol{y} \in \mathcal{K}$:

$$f(\boldsymbol{y}) \geqslant f(\boldsymbol{x}) + \nabla f(\boldsymbol{x})^{\mathrm{T}}(\boldsymbol{y} - \boldsymbol{x}) + \frac{\alpha}{2}\|\boldsymbol{x} - \boldsymbol{y}\|^2 \qquad \alpha\text{强凸}$$

$$\geqslant \min_{\boldsymbol{z}}\left\{ f(\boldsymbol{x}) + \nabla f(\boldsymbol{x})^{\mathrm{T}}(\boldsymbol{z} - \boldsymbol{x}) + \frac{\alpha}{2}\|\boldsymbol{x} - \boldsymbol{z}\|^2 \right\}$$

$$= f(\boldsymbol{x}) - \frac{1}{2\alpha}\|\nabla f(\boldsymbol{x})\|^2 \qquad \boldsymbol{z} = \boldsymbol{x} - \frac{1}{\alpha}\nabla f(\boldsymbol{x})$$

用 ∇_t 简记 $\nabla f(\boldsymbol{x}_t)$. 特别地, 当 $\boldsymbol{x} = \boldsymbol{x}_t$, $\boldsymbol{y} = \boldsymbol{x}^\star$ 时, 有

$$\|\nabla_t\|^2 \geqslant 2\alpha\left(f(\boldsymbol{x}_t) - f(\boldsymbol{x}^\star)\right) = 2\alpha h_t \tag{2.1}$$

接下来,

$$
\begin{aligned}
h_{t+1} - h_t &= f(\boldsymbol{x}_{t+1}) - f(\boldsymbol{x}_t) \\
&\leqslant \nabla_t^{\mathrm{T}}(\boldsymbol{x}_{t+1} - \boldsymbol{x}_t) + \frac{\beta}{2}\|\boldsymbol{x}_{t+1} - \boldsymbol{x}_t\|^2 \qquad \beta \text{光滑} \\
&= -\eta_t\|\nabla_t\|^2 + \frac{\beta}{2}\eta_t^2\|\nabla_t\|^2 \qquad \text{算法定义} \\
&= -\frac{1}{2\beta}\|\nabla_t\|^2 \qquad \text{令 } \eta_t = \frac{1}{\beta} \\
&\leqslant -\frac{\alpha}{\beta}h_t \qquad \text{由式 (2.1)}
\end{aligned}
$$

故,

$$h_{t+1} \leqslant h_t\left(1 - \frac{\alpha}{\beta}\right) \leqslant \cdots \leqslant h_1(1-\gamma)^t \leqslant h_1 \mathrm{e}^{-\gamma t}$$

其中最后一个不等式成立的原因是对所有的 $x \in \mathbb{R}$, 有 $1 - x \leqslant \mathrm{e}^{-x}$. $\qquad\square$

接下来, 考虑当 $\mathcal{K}$ 为一个一般凸集的情形. 其证明稍有些复杂:

定理 2.4　对 γ 良态函数及 $\eta_t = \dfrac{1}{\beta}$ 的带约束最小化问题, 算法 2 的收敛性满足

$$h_{t+1} \leqslant h_1 \cdot \mathrm{e}^{-\frac{\gamma t}{4}}$$

证明　由强凸性有, 对每一个 $\boldsymbol{x}, \boldsymbol{x}_t \in \mathcal{K}$ （其中 $\nabla_t = \nabla f(\boldsymbol{x}_t)$ 与前面一样）:

$$\nabla_t^{\mathrm{T}}(\boldsymbol{x} - \boldsymbol{x}_t) \leqslant f(\boldsymbol{x}) - f(\boldsymbol{x}_t) - \frac{\alpha}{2}\|\boldsymbol{x} - \boldsymbol{x}_t\|^2 \tag{2.2}$$

接下来, 由算法的定义并令 $\eta_t = \dfrac{1}{\beta}$, 有

$$\boldsymbol{x}_{t+1} = \underset{\boldsymbol{x} \in \mathcal{K}}{\arg\min} \left\{ \nabla_t^{\mathrm{T}} (\boldsymbol{x} - \boldsymbol{x}_t) + \frac{\beta}{2} \|\boldsymbol{x} - \boldsymbol{x}_t\|^2 \right\} \tag{2.3}$$

为证明这一结果, 注意到

$$\underset{\mathcal{K}}{\prod} (\boldsymbol{x}_t - \eta_t \nabla_t)$$

$$= \underset{\boldsymbol{x} \in \mathcal{K}}{\arg\min} \left\{ \|\boldsymbol{x} - (\boldsymbol{x}_t - \eta_t \nabla_t)\|^2 \right\} \qquad \text{投影的定义}$$

$$= \underset{\boldsymbol{x} \in \mathcal{K}}{\arg\min} \left\{ \nabla_t^{\mathrm{T}} (\boldsymbol{x} - \boldsymbol{x}_t) + \frac{1}{2\eta_t} \|\boldsymbol{x} - \boldsymbol{x}_t\|^2 \right\} \qquad \text{参见习题}$$

故有

$$h_{t+1} - h_t = f(\boldsymbol{x}_{t+1}) - f(\boldsymbol{x}_t)$$

$$\leqslant \nabla_t^{\mathrm{T}} (\boldsymbol{x}_{t+1} - \boldsymbol{x}_t) + \frac{\beta}{2} \|\boldsymbol{x}_{t+1} - \boldsymbol{x}_t\|^2 \qquad \text{光滑性}$$

$$\leqslant \underset{\boldsymbol{x} \in \mathcal{K}}{\min} \left\{ \nabla_t^{\mathrm{T}} (\boldsymbol{x} - \boldsymbol{x}_t) + \frac{\beta}{2} \|\boldsymbol{x} - \boldsymbol{x}_t\|^2 \right\} \qquad \text{式 (2.3)}$$

$$\leqslant \underset{\boldsymbol{x} \in \mathcal{K}}{\min} \left\{ f(\boldsymbol{x}) - f(\boldsymbol{x}_t) + \frac{\beta - \alpha}{2} \|\boldsymbol{x} - \boldsymbol{x}_t\|^2 \right\} \qquad \text{式 (2.2)}$$

若在 $\mathcal{K}$ 的子集上取值, 其最小值只会增加. 因此, 可以将注意力集中在 $\boldsymbol{x}_t$ 和 $\boldsymbol{x}^\star$ 凸组合中的点上, 记这些点为区间 $[\boldsymbol{x}_t, \boldsymbol{x}^\star] = \{(1 - \eta) \boldsymbol{x}_t + \eta \boldsymbol{x}^\star, \eta \in [0, 1]\}$, 且

$$h_{t+1} - h_t \leqslant \underset{\boldsymbol{x} \in [\boldsymbol{x}_t, \boldsymbol{x}^\star]}{\min} \left\{ f(\boldsymbol{x}) - f(\boldsymbol{x}_t) + \frac{\beta - \alpha}{2} \|\boldsymbol{x} - \boldsymbol{x}_t\|^2 \right\}$$

$$= f((1 - \eta) \boldsymbol{x}_t + \eta \boldsymbol{x}^\star) - f(\boldsymbol{x}_t) + \frac{\beta - \alpha}{2} \eta^2 \|\boldsymbol{x}^\star - \boldsymbol{x}_t\|^2$$

$$\leqslant -\eta h_t + \frac{\beta - \alpha}{2} \eta^2 \|\boldsymbol{x}^\star - \boldsymbol{x}_t\|^2$$

其中的等式是由将 $\boldsymbol{x}$ 写为 $\boldsymbol{x} = (1 - \eta)\,\boldsymbol{x}_t + \eta \boldsymbol{x}^\star$ 得到的. 由强凸性, 对任意 $\boldsymbol{x}_t$ 和极小值点 $\boldsymbol{x}^\star$ 有

$$
\begin{aligned}
h_t &= f\left(\boldsymbol{x}_t\right) - f\left(\boldsymbol{x}^\star\right) \\
&\geqslant \nabla f(\boldsymbol{x}^\star)^{\mathrm{T}}\left(\boldsymbol{x}_t - \boldsymbol{x}^\star\right) + \frac{\alpha}{2}\|\boldsymbol{x}^\star - \boldsymbol{x}_t\|^2 \qquad \alpha \text{ 强凸} \\
&\geqslant \frac{\alpha}{2}\|\boldsymbol{x}^\star - \boldsymbol{x}_t\|^2 \qquad \text{最优定理 2.2}
\end{aligned}
$$

因此, 代入上式可得

$$
\begin{aligned}
h_{t+1} - h_t &\leqslant \left(-\eta + \frac{\beta - \alpha}{\alpha}\eta^2\right) h_t \\
&\leqslant -\frac{\alpha}{4\left(\beta - \alpha\right)} h_t \qquad \text{选择最优的 } \eta
\end{aligned}
$$

故

$$
h_{t+1} \leqslant h_t\left(1 - \frac{\alpha}{4\left(\beta - \alpha\right)}\right) \leqslant h_t\left(1 - \frac{\alpha}{4\beta}\right) \leqslant h_t \mathrm{e}^{-\gamma/4}
$$

由归纳法, 就得到了定理的结论. $\qquad\qquad\qquad\qquad\qquad\qquad\qquad\square$

2.3 非光滑和非强凸函数的归约

前面章节中处理了 γ 良态的函数, 这可被看作是传统凸性的一个显著特征. 事实上, 很多有意义的凸函数并不强凸, 也不光滑, 对这些函数而言, 梯度下降方法的收敛速度有很大的不同.

有关一阶方法的文献中有着大量对一般函数梯度下降法收敛速率的详细分析. 在本书中, 我们使用一个不同的方法: 不再从头分析 GD 法的各种变体, 而

使用归约的方法来推导非强凸的光滑函数、强凸的非光滑函数, 或没有任何其他约束的一般函数的近优 (near-optimal) 收敛速率.

当达到次优 (sub-optimal) 收敛界时 (依对数因子), 这一结果的优点有两个: 首先, 归约方法的描述和分析是非常简单的, 对它们的分析明显比从头分析 GD 方法简洁. 其次, 归约方法具有一般性, 故可被推广到分析沿着同样直线的加速梯度下降法 (或任何其他一阶方法). 下面, 先回到这些归约方法上.

2.3.1 光滑非强凸函数的归约

第一个归约将 GD 算法应用于 β 光滑但非强凸的函数上.

其基本思想是给函数 f 附加一个受控的强凸量, 然后将前面的算法应用于该新函数. 这一问题的解被增加的强凸性扭曲了, 但这是为达到有意义的收敛速率而做出的折中选择.

算法 3   梯度下降法, β 光滑函数的归约

1: 输入: f, T, $\boldsymbol{x}_1 \in \mathcal{K}$, 参数 $\tilde{\alpha}$.

2: 令 $g(\boldsymbol{x}) = f(\boldsymbol{x}) + \dfrac{\tilde{\alpha}}{2}\|\boldsymbol{x} - \boldsymbol{x}_1\|^2$.

3: 应用算法 2 并取参数为 g、T、$\left\{\eta_t = \dfrac{1}{\beta}\right\}$, $\boldsymbol{x}_1$, 返回 $\boldsymbol{x}_T$.

引理 2.5   对 β 光滑凸函数, 参数 $\tilde{\alpha} = \dfrac{\beta \log t}{D^2 t}$, 算法 3 中的收敛性为

$$h_{t+1} = O\left(\frac{\beta \log t}{t}\right)$$

证明   函数 g 是 $\tilde{\alpha}$ 强凸且 $(\beta + \tilde{\alpha})$ 光滑的 (参见习题). 因此, 它是 $\gamma = \dfrac{\tilde{\alpha}}{\tilde{\alpha} + \beta}$ 良态的. 注意到

$$h_t = f(\boldsymbol{x}_t) - f(\boldsymbol{x}^\star)$$

$$= g\left(\boldsymbol{x}_t\right) - g\left(\boldsymbol{x}^\star\right) + \frac{\tilde{\alpha}}{2}\left(\|\boldsymbol{x}^\star - \boldsymbol{x}_1\|^2 - \|\boldsymbol{x}_t - \boldsymbol{x}_1\|^2\right)$$

$$\leqslant h_t^g + \tilde{\alpha}D^2 \qquad \text{2.1 节中有关 } D \text{ 的定义}$$

此处, 记 $h_t^g = g\left(\boldsymbol{x}_t\right) - g\left(\boldsymbol{x}^\star\right)$. 由于 $g\left(\boldsymbol{x}\right)$ 为 $\dfrac{\tilde{\alpha}}{\tilde{\alpha}+\beta}$ 良态的, 则

$$h_{t+1} \leqslant h_{t+1}^g + \tilde{\alpha}D^2$$

$$\leqslant h_1^g \mathrm{e}^{-\frac{\tilde{\alpha}t}{4(\tilde{\alpha}+\beta)}} + \tilde{\alpha}D^2 \qquad \text{定理 2.4}$$

$$= O\left(\frac{\beta \log t}{t}\right) \qquad \text{令 } \tilde{\alpha} = \frac{\beta \log t}{D^2 t}$$

其中, 我们忽略了常数和依赖于 D 及 h_1^g 的项. □

通过对 GD 算法从头到尾的分析, 可以得到更强的收敛速率 $O\left(\dfrac{\beta}{t}\right)$, 这就是被认为紧的结果. 因此, 此处的归约在相差因子 $O\left(\log T\right)$ 的意义下为次优的, 基于本节开始给出的原因, 此处容忍这一因子.

2.3.2　强凸非光滑函数的归约

从非光滑函数到 γ 良态函数的归约与启发前面小节的原理相似. 但是, 对强凸函数, 得到的速率被降低了因子 $\log T$, 本节得到的速率与标准的凸优化分析得到的结果也会被降低因子 d, 即决策变量 $\boldsymbol{x}$ 的维数. 对紧界而言, 读者可以参考文献点评中给出的优秀参考书和综述资料.

算法 4　梯度下降法, 非光滑函数的归约

1: 输入: f, $\boldsymbol{x}_1$, T, δ

2: 令 $\hat{f}_\delta\left(\boldsymbol{x}\right) = E_{\boldsymbol{v}\sim\mathbb{B}}\left[f\left(\boldsymbol{x} + \delta\boldsymbol{v}\right)\right]$.

3: 将算法 2 应用于 $\hat{f}_\delta$, $\boldsymbol{x}_1$, T, $\{\eta_t = \delta\}$, 返回 $\boldsymbol{x}_T$.

此处将 GD 算法应用于一个目标函数的光滑变体. 与前面的归约不同的是, 光滑性不能通过简单地附加一个光滑（或任何其他）函数得到. 取而代之的是, 我们需要一个如下的光滑运算, 它相当于取函数的局部积分, 如下.

令 f 为 G-Lipschitz 连续且 α 强凸的. 对任意 $\delta > 0$, 定义

$$\hat{f}_\delta(\boldsymbol{x}) = \underset{\boldsymbol{v} \sim \mathbb{B}}{E}\left[f(\boldsymbol{x} + \delta \boldsymbol{v})\right]$$

其中 $\mathbb{B} = \left\{\boldsymbol{x} \in \mathbb{R}^d : \|\boldsymbol{x}\| \leqslant 1\right\}$ 为欧氏空间中的球, $\boldsymbol{v} \sim \mathbb{B}$ 表示在 $\mathbb{B}$ 上均匀分布的随机变量.

接下来将证明函数 $\hat{f}_\delta$ 为 $f : \mathbb{R}^d \mapsto \mathbb{R}$ 的一个光滑近似, 即它是下面引理中给出的光滑且在取值上很接近 f 的函数.

引理 2.6 $\hat{f}_\delta$ 具有如下性质:

1. 若 f 为 α 强凸的, 则 $\hat{f}_\delta$ 也是.

2. $\hat{f}_\delta$ 为 $\dfrac{dG}{\delta}$ 光滑的.

3. 对所有的 $\boldsymbol{x} \in \mathcal{K}$, 有 $\left|\hat{f}_\delta(\boldsymbol{x}) - f(\boldsymbol{x})\right| \leqslant \delta G$.

在证明这一引理之前, 首先完成归约的过程. 根据引理 2.6 和对 γ 良态函数的收敛性可得下面的近似界.

引理 2.7 对 $\delta = \dfrac{dG}{\alpha}\dfrac{\log t}{t}$, 算法 4 的收敛速率为

$$h_t = O\left(\frac{G^2 d \log t}{\alpha t}\right)$$

在证明这个引理之前, 注意到梯度下降法是应用于光滑化以后的函数 $\hat{f}_\delta$ 上的, 而不是原始的目标函数 f. 本节将忽略计算这种仅给出 f 梯度的计算代价, 这个代价可能会非常显著. 估计这一梯度的技术将在第 6 章中进一步探索.

证明 根据引理 2.6, 函数 $\hat{f}_\delta$ 对 $\gamma = \dfrac{\alpha\delta}{dG}$ 是 γ 良态的.

$$
\begin{aligned}
h_{t+1} &= f\left(\boldsymbol{x}_{t+1}\right) - f\left(\boldsymbol{x}^\star\right) \\
&\leqslant \hat{f}_\delta\left(\boldsymbol{x}_{t+1}\right) - \hat{f}_\delta\left(\boldsymbol{x}^\star\right) + 2\delta G \qquad \text{引理 2.6} \\
&\leqslant h_1 \mathrm{e}^{-\frac{\gamma t}{4}} + 2\delta G \qquad \text{定理 2.4} \\
&= h_1 \mathrm{e}^{-\frac{\alpha t\delta}{4dG}} + 2\delta G \qquad \text{由引理 2.6, } \gamma = \frac{\alpha\delta}{dG} \\
&= O\left(\frac{dG^2 \log t}{\alpha t}\right) \qquad \delta = \frac{dG}{\alpha}\frac{\log t}{t}
\end{aligned}
$$

$\square$

下面证明 $\hat{f}_\delta$ 事实上就是对原函数的一个好的近似.

引理 2.6 的证明 首先, 由于 $\hat{f}_\delta$ 为 α 强凸函数的一个平均, 故它也是 α 强凸的. 为证明其光滑性, 需要使用微积分中的 Stokes 定理: 对所有 $\boldsymbol{x} \in \mathbb{R}^d$ 和任一在欧氏球 $\mathbb{S} = \left\{\boldsymbol{y} \in \mathbb{R}^d : \|\boldsymbol{y}\| = 1\right\}$ 上均匀分布的随机向量 $\boldsymbol{v}$,

$$
\mathop{E}_{\boldsymbol{v} \sim \mathbb{S}}\left[f\left(\boldsymbol{x} + \delta\boldsymbol{v}\right)\boldsymbol{v}\right] = \frac{\delta}{d}\nabla\hat{f}_\delta\left(\boldsymbol{x}\right) \tag{2.4}
$$

回顾函数 f 为 β 光滑的充要条件是对任意 $\boldsymbol{x}, \boldsymbol{y} \in \mathcal{K}$, 有 $\|\nabla f(\boldsymbol{x}) - \nabla f(\boldsymbol{y})\| \leqslant \beta \|\boldsymbol{x} - \boldsymbol{y}\|$. 现有

$$
\begin{aligned}
&\left\|\nabla\hat{f}_\delta\left(\boldsymbol{x}\right) - \nabla\hat{f}_\delta\left(\boldsymbol{y}\right)\right\| \\
&= \frac{d}{\delta}\left\|\mathop{E}_{\boldsymbol{v} \sim \mathbb{S}}\left[f\left(\boldsymbol{x} + \delta\boldsymbol{v}\right)\boldsymbol{v}\right] - \mathop{E}_{\boldsymbol{v} \sim \mathbb{S}}\left[f\left(\boldsymbol{y} + \delta\boldsymbol{v}\right)\boldsymbol{v}\right]\right\| \qquad \text{由式 (2.4)} \\
&= \frac{d}{\delta}\left\|\mathop{E}_{\boldsymbol{v} \sim \mathbb{S}}\left[f\left(\boldsymbol{x} + \delta\boldsymbol{v}\right)\boldsymbol{v} - f\left(\boldsymbol{y} + \delta\boldsymbol{v}\right)\boldsymbol{v}\right]\right\| \qquad \text{期望的线性性} \\
&\leqslant \frac{d}{\delta}\mathop{E}_{\boldsymbol{v} \sim \mathbb{S}}\left\|f\left(\boldsymbol{x} + \delta\boldsymbol{v}\right)\boldsymbol{v} - f\left(\boldsymbol{y} + \delta\boldsymbol{v}\right)\boldsymbol{v}\right\| \qquad \text{Jensen 不等式}
\end{aligned}
$$

$$\leqslant \frac{dG}{\delta}\left\|\boldsymbol{x}-\boldsymbol{y}\right\| \mathop{E}_{\boldsymbol{v}\sim\mathbb{S}}\left[\left\|\boldsymbol{v}\right\|\right] \qquad \text{Lipschitz 连续性}$$

$$= \frac{dG}{\delta}\left\|\boldsymbol{x}-\boldsymbol{y}\right\| \qquad \boldsymbol{v}\in\mathbb{S}$$

这便证明了引理 2.6 中的第二个性质. 下面证明第三个性质, 即 $\hat{f}_\delta$ 是 f 的一个好的近似.

$$\left|\hat{f}_\delta\left(\boldsymbol{x}\right)-f\left(\boldsymbol{x}\right)\right| = \left|\mathop{E}_{\boldsymbol{v}\sim\mathbb{B}}\left[f\left(\boldsymbol{x}+\delta\boldsymbol{v}\right)\right]-f\left(\boldsymbol{x}\right)\right| \qquad \hat{f}_\delta \text{ 的定义}$$

$$\leqslant \mathop{E}_{\boldsymbol{v}\sim\mathbb{B}}\left[\left|f\left(\boldsymbol{x}+\delta\boldsymbol{v}\right)-f\left(\boldsymbol{x}\right)\right|\right] \qquad \text{Jensen 不等式}$$

$$\leqslant \mathop{E}_{\boldsymbol{v}\sim\mathbb{B}}\left[G\left\|\delta\boldsymbol{v}\right\|\right] \qquad f \text{ 为 } G\text{-Lipschitz 的}$$

$$\leqslant G\delta \qquad \boldsymbol{v}\in\mathbb{B}$$

$\square$

需要说明的是, 对 α 强凸函数的 GD 变体而言, 即便在归约时没有光滑性的要求, 它也被认为收敛是较快的, 且不依赖于变量的维数. 此处不加证明地给出已知的算法和结果（参见文献点评）.

定理 2.8 令 f 为 α 强凸的, 并令 $\boldsymbol{x}_1,\cdots,\boldsymbol{x}_t$ 为 $\eta_t=\dfrac{2}{\alpha\left(t+1\right)}$ 时, 将算法 2 应用于 f 得到的各迭代点. 则

$$f\left(\frac{1}{t}\sum_{s=1}^{t}\frac{2s}{t+1}\boldsymbol{x}_s\right)-f\left(\boldsymbol{x}^\star\right) \leqslant \frac{2G^2}{\alpha\left(t+1\right)}$$

2.3.3 一般凸函数的归约

可以同时使用两种归约以达到收敛速度 $\tilde{O}\left(\dfrac{d}{\sqrt{t}}\right)$. 当近优性用迭代次数表示时, 这一界的不足就是依赖于维数. 下一章中将证明对一个更一般的在线凸优

化算法, 直接得到的算法收敛速率就是 $O\left(\dfrac{1}{\sqrt{t}}\right)$.

2.4　例子: 支持向量机训练

在继续推广前面各节中的简单梯度下降算法之前, 考虑一种在机器学习领域被广泛关注的优化问题, 它可用刚刚分析的方法进行有效求解.

一个非常基本且成功的学习范例是线性分类模型. 在这一模型中, 学习对象被表示为一个概念的正样本和负样本. 每一个样本可用 $\boldsymbol{a}_i$ 表示, 它们都是欧氏空间中的一个 d 维特征向量. 例如, 在垃圾邮件分类问题中, 邮件常常被表示为一个欧氏空间中的二进制向量, 其中空间的维数就是语言中单词的数量. 第 i 封邮件就是一个向量 $\boldsymbol{a}_i$, 其各个位置对应的单词如果出现在邮件中, 就将该位置的坐标值置为 1, 否则为 0 [⊖]. 此外, 每一个样本都有一个标签 $b_i \in \{-1, +1\}$, 对应于这封邮件已经被赋予垃圾邮件/正常邮件. 目标是寻找一个超平面, 将这些向量分割为两类: 标签为正的邮件和标签为负的邮件. 如果可以根据标签将训练集中的所有向量完全分开的超平面不存在, 则目标就是寻找一个超平面, 使得针对训练集的错误分割数量最小化.

数学上说, 就是给定一个有 n 个样本的训练集, 寻找 $\boldsymbol{x} \in \mathbb{R}^d$, 使其能最小化被错误分类的样本数量, 即

$$\min_{\boldsymbol{x} \in \mathbb{R}^d} \sum_{i \in [n]} \delta\left(\operatorname{sign}\left(\boldsymbol{x}^{\mathrm{T}} \boldsymbol{a}_i\right) \neq b_i\right) \tag{2.5}$$

⊖　这种表示看起来非常基本, 因为首先它完全忽略了单词在文中出现的顺序. 自然语言处理相关的文献事实上研究了对这一方法的推广, 以得到这些特征.

其中 $\mathrm{sign}\,(x) \in \{-1, 1\}$ 为符号函数, $\delta\,(z) \in \{0, 1\}$ 为指示函数, 当条件 z 被满足时取值为 1, 否则取值为 0.

这一优化问题是线性分类问题的核心, 它是 NP 难问题, 且事实上对即便只是近似不平凡的问题也是 NP 难的问题. 但在特殊的情形下, 对样本完全正确分类的线性分类器（一个关于 $\boldsymbol{x}$ 的超平面）是存在的, 该问题可以使用线性规划用多项式时间进行求解.

在不存在完美的线性分类器时, 有很多不同的松弛方法来求解更为一般的情形. 其中最为成功的一个实践就是支撑向量机（Support Vector Machine, SVM）公式.

SVM 松弛使用一个凸代价函数表示的软边界来替换式 (2.5) 中的 0/1 代价函数, 该凸函数称为 hinge 代价函数, 定义为

$$\ell_{a,b}\,(\boldsymbol{x}) = \mathrm{hinge}\,(b \cdot \boldsymbol{x}^{\mathrm{T}} \boldsymbol{a}) = \max\left\{0, 1 - b \cdot \boldsymbol{x}^{\mathrm{T}} \boldsymbol{a}\right\}$$

图 2.3 展示了 hinge 代价函数是如何与非凸的 0/1 代价函数之间进行凸关联的. 此外, SVM 公式在被极小化的目标函数中添加了一项, 使得 $\boldsymbol{x}$ 中元素的大小进行了正则化. 附加这一项的原因及它的含义将在后面的章节中给出. 现在, 考虑 SVM 凸规划:

$$\min_{\boldsymbol{x} \in \mathbb{R}^d}\left\{\lambda \frac{1}{n} \sum_{i \in [n]} \ell_{a_i, b_i}\,(\boldsymbol{x}) + \frac{1}{2}\|\boldsymbol{x}\|^2\right\} \tag{2.6}$$

这是一个无约束非光滑强凸的规划问题. 由定理 2.8 可得, 用 $\tilde{O}\left(\dfrac{1}{\varepsilon}\right)$ 次迭代就足够得到它的一个 ε 近似解了. 算法 5 给出了使用这一公式的次梯度下降算法的细节.

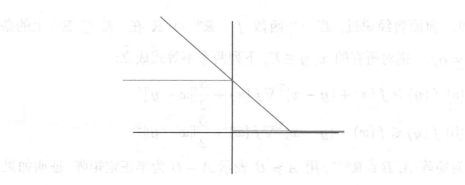

图 2.3   hinge 代价函数与 0/1 代价函数

算法 5   使用次梯度下降法的 SVM 训练

1: 输入: n 个样本的训练集 $\{(\boldsymbol{a}_i, b_i)\}$、$T$. 令 $\boldsymbol{x}_1 = \boldsymbol{0}$

2: **for** $t = 1$ 到 T **do**

3:      令 $\nabla_t = \lambda \dfrac{1}{n} \sum_{i=1}^{n} \nabla \ell_{\boldsymbol{a}_i, b_i}(\boldsymbol{x}_t) + \boldsymbol{x}_t$, 其中

$$\nabla \ell_{\boldsymbol{a}_i, b_i}(\boldsymbol{x}) = \begin{cases} 0, & b_i \boldsymbol{x}^{\mathrm{T}} \boldsymbol{a}_i > 1 \\ -b_i \boldsymbol{a}_i, & \text{其他情形} \end{cases}$$

4:      $\boldsymbol{x}_{t+1} = \boldsymbol{x}_t - \eta_t \nabla_t$, 其中 $\eta_t = \dfrac{2}{t+1}$

5: **end for**

6: **return** $\overline{\boldsymbol{x}}_T = \dfrac{1}{T} \sum_{t=1}^{T} \dfrac{2t}{T+1} \boldsymbol{x}_t$

2.5   习题

1. 证明可微函数 $f(x): \mathbb{R} \to \mathbb{R}$ 为凸函数的充要条件为对任意 $x, y \in \mathbb{R}$, 有 $f(x) - f(y) \leqslant (x - y) f'(x)$.

2.　前面曾经说过, 若一个函数 $f : \mathbb{R}^n \rightarrow \mathbb{R}$ 在 $\mathcal{K} \subseteq \mathbb{R}^d$ 上的条件数为 $\gamma = \alpha/\beta$, 则对所有的 $\boldsymbol{x}, \boldsymbol{y} \in \mathcal{K}$, 下列两个不等式成立:

(a) $f(\boldsymbol{y}) \geqslant f(\boldsymbol{x}) + (\boldsymbol{y} - \boldsymbol{x})^{\mathrm{T}} \nabla f(\boldsymbol{x}) + \dfrac{\alpha}{2} \|\boldsymbol{x} - \boldsymbol{y}\|^2$

(b) $f(\boldsymbol{y}) \leqslant f(\boldsymbol{x}) + (\boldsymbol{y} - \boldsymbol{x})^{\mathrm{T}} \nabla f(\boldsymbol{x}) + \dfrac{\beta}{2} \|\boldsymbol{x} - \boldsymbol{y}\|^2$

对矩阵 $A, B \in \mathbb{R}^{n \times n}$, 用 $A \succcurlyeq B$ 表示 $A - B$ 为半正定矩阵. 证明如果 f 为二阶可微的, 且对任何 $\boldsymbol{x} \in \mathcal{K}$, $\beta \boldsymbol{I} \succcurlyeq \nabla^2 f(\boldsymbol{x}) \succcurlyeq \alpha \boldsymbol{I}$ 成立, 则 f 在 $\mathcal{K}$ 上的条件数为 α/β.

3. 证明:

(a) 凸函数的和仍为凸函数.

(b) 令 f 为 α_1 强凸的, g 为 α_2 强凸的. 则 $f + g$ 为 $\alpha_1 + \alpha_2$ 强凸的.

(c) 令 f 为 β_1 光滑的, g 为 β_2 光滑的. 则 $f + g$ 为 $\beta_1 + \beta_2$ 光滑的.

4. 令 $\mathcal{K} \subseteq \mathbb{R}^d$ 为闭紧有界的. 证明 $\Pi_{\mathcal{K}}(\boldsymbol{x})$ 为单例集（singleton, 即 $|\Pi_{\mathcal{K}}(\boldsymbol{x})| = 1$）的充要条件是 $\mathcal{K}$ 为一个凸集.

5. 考虑 n 维单形

$$\Delta_n = \left\{ \boldsymbol{x} \in \mathbb{R}^n \,\middle|\, \sum_{i=1}^{n} x_i = 1, x_i \geqslant 0, \forall i \in [n] \right\}$$

给出一个求点 $\boldsymbol{x} \in \mathbb{R}^n$ 在集合 Δ_n 上投影的计算机算法（存在一个近线性时间的算法）.

6. 证明下面的等式:

$$\underset{\boldsymbol{x} \in \mathcal{K}}{\arg\min} \left\{ \nabla_t^{\mathrm{T}}(\boldsymbol{x} - \boldsymbol{x}_t) + \frac{1}{2\eta_t} \|\boldsymbol{x} - \boldsymbol{x}_t\|^2 \right\}$$

$$= \underset{\boldsymbol{x} \in \mathcal{K}}{\arg\min} \left\{ \|\boldsymbol{x} - (\boldsymbol{x}_t - \eta_t \nabla_t)\|^2 \right\}$$

7. 令 $f(\boldsymbol{x}): \mathbb{R}^n \to \mathbb{R}$ 为一个凸可微函数, $\mathcal{K} \subseteq \mathbb{R}^n$ 为一个凸集. 证明 $\boldsymbol{x}^\star \in \mathcal{K}$ 为 f 在 $\mathcal{K}$ 上的一个极小值点的充要条件是对任意 $\boldsymbol{y} \in \mathcal{K}$, 不等式 $(\boldsymbol{y} - \boldsymbol{x}^\star)^{\mathrm{T}} \nabla f(\boldsymbol{x}^\star) \geqslant 0$ 成立.

8. * 推广 Nesterov 加速 GD 算法:

假设采用黑盒的方式接入 Nesterov 算法, 则对 γ 良态的函数得到的收敛速率为 $\mathrm{e}^{-\sqrt{\gamma T}}$, 参见表 2.1. 使用归约法在最多相差对数因子的意义下完成表 2.1 的第二行.

2.6 文献点评

读者可以参考有关凸优化的专门书籍, 以更深入地研究本背景章节中给出的主题. 与凸分析相关的背景可以参考文献 [21, 92]. 经典的教科书 [23] 给出了大量应用领域中的凸优化问题. 对一阶方法深入的详细严格证明可以参考 Nesterov[78] 和 Nemirovskii[76, 77] 的教材. 定理 2.8 来自 [24] 中的定理 3.9.

2.3 节中归约结果前的对数因子可以在更为仔细地归约和分析后予以去除, 这些细节请参考 [9].

支持向量机在 [31, 22] 中被引入, 也请参考 Schölkopf 和 Smola 的书籍 [95].

第 3 章　在线凸优化的一阶算法

本章将描述并分析在线凸优化中的一个最简单也最基本的算法（回顾第 1 章中介绍的模型的定义），它在实践应用中也非常有效. 本章使用的记号与 2.1 节中引入的记号相同. 但与前面各章不同的是, 本章中的介绍的算法的目标都是最小化遗憾（regret）, 而不是优化误差（在在线假设下, 它是病态的）.

回顾等式 (1.1) 中给出的 OCO 设定下有关遗憾的定义, 将其中在上标、下标和上确界中有关函数类的记号去掉后, 就得到比较清晰的形式:

$$\text{遗憾} = \sum_{t=1}^{T} f_t(\boldsymbol{x}_t) - \min_{\boldsymbol{x} \in \mathcal{K}} \sum_{t=1}^{T} f_t(\boldsymbol{x})$$

表 3.1 中详细给出了不同类型凸函数遗憾的上界和下界, 它们是依赖于预测迭代数量的.

表 3.1　可以达到的渐近遗憾界

	α 强凸	β 光滑	δ-exp 凹
上界	$\dfrac{1}{\alpha} \log T$	$\sqrt{T}$	$\dfrac{n}{\delta} \log T$
下界	$\dfrac{1}{\alpha} \log T$	$\sqrt{T}$	$\dfrac{n}{\delta} \log T$
平均遗憾	$\dfrac{\log T}{\alpha T}$	$\dfrac{1}{\sqrt{T}}$	$\dfrac{n \log T}{\delta T}$

为将遗憾与优化误差进行对比, 考虑平均遗憾（即遗憾/T）是非常有用的.
令 $\overline{\boldsymbol{x}}_T = \frac{1}{T}\sum_{t=1}^{T}\boldsymbol{x}_t$ 为决策向量的平均. 若函数 f_t 都是同样的一个函数 f:
$\mathcal{K} \mapsto \mathbb{R}$, 则 Jensen 不等式意味着 $f(\overline{\boldsymbol{x}}_T)$ 收敛于 $f(\boldsymbol{x}^\star)$ 的速率最多为平均遗憾,
因为

$$f(\overline{\boldsymbol{x}}_T) - f(\boldsymbol{x}^\star) \leqslant \frac{1}{T}\sum_{t=1}^{T}[f(\boldsymbol{x}_t) - f(\boldsymbol{x}^\star)] = \frac{\text{遗憾}}{T}$$

读者可以将其与表 2.1 中一阶方法的离线收敛性进行对比: 与离线优化不同, 光滑性并不能改进渐近遗憾速率. 但 exp 凹性——一个弱于强凸性的条件, 可被引入来改进遗憾速率.

本章将介绍实现上述 OCO 结果的算法和下界. exp 凹函数的性质及应用, 以及对 exp 凹函数的对数遗憾算法将在下一章中介绍.

3.1 在线梯度下降法

也许应用于多数一般设定的在线凸优化问题的最简单算法是在线梯度下降法. 这一算法是基于离线优化中最基本的标准梯度下降法的, 它首次由 Zinkevich 引入到在线形式中（参见本章末尾的文献点评）.

该算法的伪代码在算法 6 中给出, 其概念性的说明在图 3.1 中给出.

在每一次迭代中, 算法首先在上一次迭代的基础上, 沿上一次代价函数的负梯度方向移动一个步长. 这一步可能得到一个不在基本凸集中的点. 此时, 算法将该点投影回凸集, 即求凸集中与这一个点最接近的点. 尽管下一个代价函数的值与当前得到的代价函数的值可能完全不同, 但该算法得到的遗憾是次线性的. 这一结论可形式化整理为下面的定理（回顾前面章节中定义的 G 和 D）.

算法 6   在线梯度下降法（OGD）

1: 输入: 凸集 $\mathcal{K}$, T, $\boldsymbol{x}_1 \in \mathcal{K}$, 步长序列 $\{\eta_t\}$

2: **for** $t = 1$ 到 T **do**

3:        执行 $\boldsymbol{x}_t$ 并考查代价函数 $f_t(\boldsymbol{x}_t)$.

4:        更新及投影:

$$\boldsymbol{y}_{t+1} = \boldsymbol{x}_t - \eta_t \nabla f_t(\boldsymbol{x}_t)$$

$$\boldsymbol{x}_{t+1} = \prod_{\mathcal{K}}(\boldsymbol{y}_{t+1})$$

5: **end for**

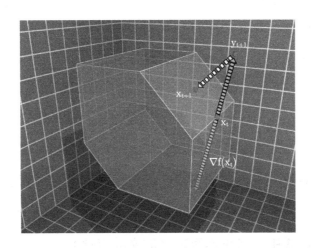

图 3.1   在线梯度下降法: 迭代点 $\boldsymbol{x}_{t+1}$ 是由迭代点 $\boldsymbol{x}_t$ 沿着当前的梯度方向 ∇_t 运动，然后投影回 $\mathcal{K}$ 中得到的

定理 3.1   步长大小为 $\left\{\eta_t = \dfrac{D}{G\sqrt{t}}, t \in [T]\right\}$ 的在线梯度下降法保证对所有的 $T \geqslant 1$ 有如下的结论:

$$\text{遗憾}_T = \sum_{t=1}^{T} f_t(\boldsymbol{x}_t) - \min_{\boldsymbol{x}^\star \in \mathcal{K}} \sum_{t=1}^{T} f_t(\boldsymbol{x}^\star) \leqslant \frac{3}{2}GD\sqrt{T}$$

证明　令 $\boldsymbol{x}^{\star} \in \arg\min\limits_{\boldsymbol{x} \in \mathcal{K}} \sum\limits_{t=1}^{T} f_t(\boldsymbol{x})$. 记 $\nabla_t \triangleq \nabla f_t(\boldsymbol{x}_t)$. 由凸性可得

$$f_t(\boldsymbol{x}_t) - f_t(\boldsymbol{x}^{\star}) \leqslant \nabla_t^{\mathrm{T}}(\boldsymbol{x}_t - \boldsymbol{x}^{\star}) \tag{3.1}$$

首先利用 $\mathbf{x}_{t+1}$ 的更新规则和定理 2.1（Pythagorean 定理）给出 $\nabla_t^{\mathrm{T}}(\mathbf{x}_t - \mathbf{x}^{\star})$ 的上界:

$$\|\boldsymbol{x}_{t+1} - \boldsymbol{x}^{\star}\|^2 = \left\| \prod_{\mathcal{K}}(\boldsymbol{x}_t - \eta_t \nabla_t) - \boldsymbol{x}^{\star} \right\|^2 \leqslant \|\boldsymbol{x}_t - \eta_t \nabla_t - \boldsymbol{x}^{\star}\|^2 \tag{3.2}$$

于是,

$$\|\boldsymbol{x}_{t+1} - \boldsymbol{x}^{\star}\|^2 \leqslant \|\boldsymbol{x}_t - \boldsymbol{x}^{\star}\|^2 + \eta_t^2 \|\nabla_t\|^2 - 2\eta_t \nabla_t^{\mathrm{T}}(\boldsymbol{x}_t - \boldsymbol{x}^{\star})$$

$$2\nabla_t^{\mathrm{T}}(\boldsymbol{x}_t - \boldsymbol{x}^{\star}) \leqslant \frac{\|\boldsymbol{x}_t - \boldsymbol{x}^{\star}\|^2 - \|\boldsymbol{x}_{t+1} - \boldsymbol{x}^{\star}\|^2}{\eta_t} + \eta_t G^2 \tag{3.3}$$

将式 (3.1) 和式 (3.3) 对 $t=1$ 到 T 求和, 并令 $\eta_t = \dfrac{D}{G\sqrt{t}}$　（其中 $\dfrac{1}{\eta_0} \triangleq 0$）:

$$2\left(\sum_{t=1}^{T} f_t(\boldsymbol{x}_t) - f_t(\boldsymbol{x}^{\star}) \right) \leqslant 2 \sum_{t=1}^{T} \nabla_t^{\mathrm{T}}(\boldsymbol{x}_t - \boldsymbol{x}^{\star})$$

$$\leqslant \sum_{t=1}^{T} \frac{\|\boldsymbol{x}_t - \boldsymbol{x}^{\star}\|^2 - \|\boldsymbol{x}_{t+1} - \boldsymbol{x}^{\star}\|^2}{\eta_t} + G^2 \sum_{t=1}^{T} \eta_t$$

$$\leqslant \sum_{t=1}^{T} \|\boldsymbol{x}_t - \boldsymbol{x}^{\star}\|^2 \left(\frac{1}{\eta_t} - \frac{1}{\eta_{t-1}} \right) + G^2 \sum_{t=1}^{T} \eta_t \qquad \frac{1}{\eta_0} \triangleq 0, \quad \|\boldsymbol{x}_{T+1} - \boldsymbol{x}^{\star}\|^2 \geqslant 0$$

$$\leqslant D^2 \sum_{t=1}^{T} \left(\frac{1}{\eta_t} - \frac{1}{\eta_{t-1}} \right) + G^2 \sum_{t=1}^{T} \eta_t$$

$$\leqslant D^2 \frac{1}{\eta_T} + G^2 \sum_{t=1}^{T} \eta_t \qquad \text{裂项级数}$$

$$\leqslant 3DG\sqrt{T}$$

得到最后一个不等式的原因是 $\eta_t = \dfrac{D}{G\sqrt{t}}$ 和 $\sum\limits_{t=1}^{T}\dfrac{1}{\sqrt{t}} \leqslant 2\sqrt{T}.$ □

在线梯度下降算法是很容易实现的, 在更新过程中得到梯度只需使用线性时间. 但是, 正如在 2.1.1 节 和第 7 章中讨论的, 投影步则有可能需要非常长的时间.

3.2   下界

前面章节中引入并分析了一个非常简单且自然的在线凸优化问题. 在继续研究之前, 一个值得考虑的问题是前述的界是否可以改进? 度量 OCO 算法的性能可以同时使用遗憾和计算效率. 因此, 需要自问是否存在更简单的算法达到更紧的遗憾界.

在线梯度下降法的计算效率看起来改进的余地不大, 在不考虑每一步迭代中使用的投影算法时, 它的每次迭代都是线性时间复杂度. 那么是否能得到更好的遗憾值呢?

也许令人惊讶, 这一问题的答案是否定的: 在最坏情形下, 在线梯度下降法在相差一个小常数因子的意义下达到了紧遗憾界! 这一结果可形式化地在下面定理中给出.

定理 3.2   在最坏情形下, 任何在线凸优化算法的遗憾都是 $\Omega\left(DG\sqrt{T}\right).$ 即便其代价函数是由固定平稳分布得到的, 这一结果仍然成立.

下面给出这一证明的梗概, 具体证明留作本章最后的习题.

考虑一个 OCO 实例, 其中 $\mathcal{K}$ 是一个 n 维超立方体, 即

$$\mathcal{K} = \{\boldsymbol{x} \in \mathbb{R}^n, \|\boldsymbol{x}\|_\infty \leqslant 1\}$$

共有 2^n 个线性代价函数, 每一个函数对应一个顶点 $\boldsymbol{v} \in \{\pm 1\}^n$, 其定义为

$$\forall \boldsymbol{v} \in \{\pm 1\}^n, \quad f_{\boldsymbol{v}}(\boldsymbol{x}) = \boldsymbol{v}^{\mathrm{T}} \boldsymbol{x}$$

需要注意的是 $\mathcal{K}$ 的直径和代价函数梯度范数的界, 记为 G, 满足不等式

$$D \leqslant \sqrt{\sum_{i=1}^n 2^2} = 2\sqrt{n}, \quad G \leqslant \sqrt{\sum_{i=1}^n (\pm 1)^2} = \sqrt{n}$$

每一次迭代的代价函数都是均匀地从集合 $\{f_{\boldsymbol{v}}, \boldsymbol{v} \in \{\pm 1\}^n\}$ 中随机选择的. 用 $\boldsymbol{v}_t \in \{\pm 1\}^n$ 表示在第 t 步迭代中选择的顶点, 并记 $f_t = f_{\boldsymbol{v}_t}$. 由均匀性和独立性, 对任意在线选择的 t 和 $\boldsymbol{x}_t$, $E_{\boldsymbol{v}_t}[f_t(\boldsymbol{x}_t)] = E_{\boldsymbol{v}_t}[\boldsymbol{v}_t^{\mathrm{T}} \boldsymbol{x}_t] = 0$. 但是

$$\begin{aligned}
\underset{\boldsymbol{v}_1,\cdots,\boldsymbol{v}_T}{E}\left[\min_{\boldsymbol{x}\in\mathcal{K}}\sum_{t=1}^T f_t(\boldsymbol{x})\right] &= E\left[\min_{\boldsymbol{x}\in\mathcal{K}}\sum_{i\in[n]}\sum_{t=1}^T \boldsymbol{v}_t(i)\cdot\boldsymbol{x}_i\right] \\
&= nE\left[-\left|\sum_{t=1}^T \boldsymbol{v}_t(1)\right|\right] \qquad \text{独立同分布坐标} \\
&= -\Omega\left(n\sqrt{T}\right)
\end{aligned}$$

最后一个不等式的证明留作习题.

上面的事实几乎完成了定理 3.2 的证明, 参见本章最后的习题.

3.3 对数遗憾

到此为止, 读者可能会奇怪: 已经为学习和预测引入了一个看起来复杂, 但显然通用的框架, 同时给出了一个对多数一般的情形为线性时间复杂度的算法, 得到了紧的遗憾界, 且给出了它们最基础的证明. 这是 OCO 问题的全部吗?

对这一问题的回答可以分为两个方面:

1. 简单就是好: OCO 背后的哲学观就是简单是最好的. 近年来, OCO 在在线学习方面走上舞台的主要原因就是其算法和分析的简单性, 这使得它可在宿主应用中进行大量变形和调整.

2. 一类非常宽泛的设定, 这将是下一节的主题, 在同时考虑遗憾和计算复杂度时, 存在更为有效的算法.

在第 2 章中, 我们讨论过收敛速率极强地依赖于被优化函数凸性的优化算法. 在在线凸优化中, 遗憾界是否也会与离线凸优化问题在凸代价函数不同时产生的变化一样?

下面将证明, 事实上对一类重要的代价函数, 显著改进遗憾界是可能的.

强凸函数的在线梯度下降法

第一个用迭代次数达到对数遗憾的算法是在线梯度下降算法的一个改进形式, 它仅改变了步长. 若代价函数是强凸的, 则下面的定理建立了遗憾的对数界.

定理 3.3 对 α 强凸的代价函数, 步长为 $\eta_t = \dfrac{1}{\alpha t}$ 的在线梯度下降算法对所有 $T \geqslant 1$ 均保证达到下面的界:

$$遗憾_T \leqslant \frac{G^2}{2\alpha}\left(1 + \log T\right)$$

证明 令 $\boldsymbol{x}^\star \in \arg\min_{\boldsymbol{x} \in \mathcal{K}} \sum_{t=1}^{T} f_t(\boldsymbol{x})$. 回顾遗憾的定义

$$遗憾_T = \sum_{t=1}^{T} f_t(\boldsymbol{x}_t) - \sum_{t=1}^{T} f_t(\boldsymbol{x}^\star)$$

定义 $\nabla_t \triangleq \nabla f_t(\boldsymbol{x}_t)$. 将 α 强凸的定义应用于点对 $(\boldsymbol{x}_t, \boldsymbol{x}^\star)$, 有

$$2\left(f_t(\boldsymbol{x}_t) - f_t(\boldsymbol{x}^\star)\right) \leqslant 2\nabla_t^{\mathrm{T}}\left(\boldsymbol{x}_t - \boldsymbol{x}^\star\right) - \alpha\|\boldsymbol{x}^\star - \boldsymbol{x}_t\|^2 \tag{3.4}$$

下面求 $\nabla_t^{\mathrm{T}}(\boldsymbol{x}_t - \boldsymbol{x}^\star)$ 的上界. 根据对 $\boldsymbol{x}_{t+1}$ 的更新规则和 Pythagorean 定理 2.1, 得到

$$\|\boldsymbol{x}_{t+1} - \boldsymbol{x}^\star\|^2 = \left\|\prod_{\mathcal{K}}(\boldsymbol{x}_t - \eta_t\nabla_t) - \boldsymbol{x}^\star\right\|^2 \leqslant \|\boldsymbol{x}_t - \eta_t\nabla_t - \boldsymbol{x}^\star\|^2$$

于是,

$$\|\boldsymbol{x}_{t+1} - \boldsymbol{x}^\star\|^2 \leqslant \|\boldsymbol{x}_t - \boldsymbol{x}^\star\|^2 + \eta_t^2\|\nabla_t\|^2 - 2\eta_t\nabla_t^{\mathrm{T}}(\boldsymbol{x}_t - \boldsymbol{x}^\star)$$

且

$$2\nabla_t^{\mathrm{T}}(\boldsymbol{x}_t - \boldsymbol{x}^\star) \leqslant \frac{\|\boldsymbol{x}_t - \boldsymbol{x}^\star\|^2 - \|\boldsymbol{x}_{t+1} - \boldsymbol{x}^\star\|^2}{\eta_t} + \eta_t G^2 \tag{3.5}$$

将式 (3.5) 从 $t=1$ 到 T 求和, 并令 $\eta_t = \dfrac{1}{\alpha t}$ (定义 $\dfrac{1}{\eta_0} \triangleq 0$), 结合式 (3.4), 有

$$2\sum_{t=1}^{T}(f_t(\boldsymbol{x}_t) - f_t(\boldsymbol{x}^\star))$$

$$\leqslant \sum_{t=1}^{T}\|\boldsymbol{x}_t - \boldsymbol{x}^\star\|^2\left(\frac{1}{\eta_t} - \frac{1}{\eta_{t-1}} - \alpha\right) + G^2\sum_{t=1}^{T}\eta_t$$

$$\text{由于 } \frac{1}{\eta_0} \triangleq 0, \|\boldsymbol{x}_{T+1} - \boldsymbol{x}^\star\|^2 \geqslant 0$$

$$= 0 + G^2\sum_{t=1}^{T}\frac{1}{\alpha t}$$

$$\leqslant \frac{G^2}{\alpha}(1 + \log T)$$

□

3.4 应用: 随机梯度下降法

在线凸优化中的一个特殊情形是被深入研究的随机优化设定. 在随机优化中, 优化者尝试在一个在凸区域上最小化一个凸函数, 该问题可表示为一个数学规划问题:

$$\min_{\boldsymbol{x} \in \mathcal{K}} f(\boldsymbol{x})$$

但与标准的离线优化不同的是, 优化者得到的是一个带噪声的梯度查询值, 定义为

$$\mathcal{O}(\boldsymbol{x}) \triangleq \tilde{\nabla}_{\boldsymbol{x}}, \quad 使得 \quad E\left[\tilde{\nabla}_{\boldsymbol{x}}\right] = \nabla f(\boldsymbol{x}), \quad E\left[\left\|\tilde{\nabla}_{\boldsymbol{x}}\right\|^2\right] \leqslant G^2$$

即给定决策集中的一个点, 带噪声的梯度查询返回一个随机向量, 其期望值为在该点处的梯度, 其方差由 G^2 界定.

下面将展示如何将 OCO 中的遗憾界转换为随机优化问题中的收敛速率. 作为一种特殊情形, 考虑在线梯度下降算法, 其遗憾由下式界定：

$$遗憾_T = O\left(DG\sqrt{T}\right)$$

将 OGD 算法应用于一系列线性函数, 这些线性函数在连续点处由带噪声的梯度查询器给出, 并最终返回沿途所有点上的平均值, 这就得到算法 7 中给出的随机梯度下降法 (SGD).

算法 7　随机梯度下降法

1: 输入: $f, \mathcal{K}, T, \boldsymbol{x}_1 \in \mathcal{K}$, 步长 $\{\eta_t\}$

2: **for** $t = 1$ 到 T **do**

3:　　令 $\tilde{\nabla}_t = \mathcal{O}(\boldsymbol{x}_t)$ 并定义 $f_t(\boldsymbol{x}) \triangleq \left\langle \tilde{\nabla}_t, \boldsymbol{x} \right\rangle$

4:　　更新及投影:

$$\boldsymbol{y}_{t+1} = \boldsymbol{x}_t - \eta_t \tilde{\nabla}_t$$

$$\boldsymbol{x}_{t+1} = \prod_{\mathcal{K}}(\boldsymbol{y}_{t+1})$$

5: **end for**

6: **return** $\overline{\boldsymbol{x}}_T \triangleq \frac{1}{T}\sum_{t=1}^{T} \boldsymbol{x}_t$

定理 3.4 步长为 $\eta_t = \dfrac{D}{G\sqrt{t}}$ 时, 算法 7 可以保证

$$E\left[f\left(\overline{\boldsymbol{x}}_T\right)\right] \leqslant \min_{\boldsymbol{x}^\star \in \mathcal{K}} f\left(\boldsymbol{x}^\star\right) + \frac{3GD}{2\sqrt{T}}$$

证明 由 OGD 可以保证的遗憾, 有

$$E\left[f\left(\overline{\boldsymbol{x}}_T\right)\right] - f\left(\boldsymbol{x}^\star\right)$$

$$\leqslant E\left[\frac{1}{T}\sum_t f\left(\boldsymbol{x}_t\right)\right] - f\left(\boldsymbol{x}^\star\right) \qquad f \text{ 的凸性 (Jensen)}$$

$$\leqslant \frac{1}{T}E\left[\sum_t \langle \nabla f\left(\boldsymbol{x}_t\right), \boldsymbol{x}_t - \boldsymbol{x}^\star \rangle\right] \qquad \text{还是凸性}$$

$$= \frac{1}{T}E\left[\sum_t \langle \tilde{\nabla}_t, \boldsymbol{x}_t - \boldsymbol{x}^\star \rangle\right] \qquad \text{带噪声的梯度估计器}$$

$$= \frac{1}{T}E\left[\sum_t f_t\left(\boldsymbol{x}_t\right) - f_t\left(\boldsymbol{x}^\star\right)\right] \qquad \text{算法 7 第 (3) 行}$$

$$\leqslant \frac{\text{遗憾}_T}{T} \qquad \text{定义}$$

$$\leqslant \frac{3GD}{2\sqrt{T}} \qquad \text{定理 3.1}$$

$\square$

在上面的证明中需要特别注意的是, 它利用了在线梯度下降的遗憾界对自适应的对手仍然有效的事实. 之所以出现这种情形, 是因为算法 7 中定义的代价函数 f_t 是依赖于决策向量 $\boldsymbol{x}_t \in \mathcal{K}$ 的选择的.

此外, 认真的读者也许会注意到, 在使用不同的步长 (也称为学习率) 并将 SGD 算法应用于强凸的函数时, 可以得到的收敛速率为 $\tilde{O}(1/T)$. 我们将这一推导的细节留作习题.

例子: SVM 训练中的随机梯度下降法

回顾 2.4 节 中支持向量机训练的例子. 在给定数据集上训练一个 SVM 可归结为求解下面的凸规划（方程 (2.6)）:

$$f(\boldsymbol{x}) = \min_{\boldsymbol{x} \in \mathbb{R}^d} \left\{ \lambda \frac{1}{n} \sum_{i \in [n]} \ell_{\boldsymbol{a}_i, b_i}(\boldsymbol{x}) + \frac{1}{2} \|\boldsymbol{x}\|^2 \right\}$$

$$\ell_{\boldsymbol{a},b}(\boldsymbol{x}) = \max \left\{ 0, 1 - b \cdot \boldsymbol{x}^{\mathrm{T}} \boldsymbol{a} \right\}$$

利用本章中给出的方法, 即 OGD 和 SGD 算法, 可以设计一个比前面章节快得多的算法. 其基本思想是使用数据集中的一个样本得到有关目标函数梯度的无偏估计, 并用其代替整个梯度. 这一做法被形式化为算法 8 中给出的 SVM 训练中的 SGD 算法.

算法 8   SVM 训练中的 SGD 算法

1: **输入:** 有 n 个样本 $\{(\boldsymbol{a}_i, b_i)\}$ 的训练集, T. 令 $\boldsymbol{x}_1 = \boldsymbol{0}$

2: **for** $t = 1$ 到 T **do**

3:　　　均匀地随机选择一个样本 $i \in [n]$.

4:　　　令 $\tilde{\nabla}_t = \lambda \nabla \ell_{\boldsymbol{a}_i, b_i}(\boldsymbol{x}_t) + \boldsymbol{x}_t$, 其中

$$\nabla \ell_{\boldsymbol{a}_i, b_i}(\boldsymbol{x}_t) = \begin{cases} 0, & b_i \boldsymbol{x}_t^{\mathrm{T}} \boldsymbol{a}_i > 1 \\ -b_i \boldsymbol{a}_i, & \text{其他情形} \end{cases}$$

5:　　　$\boldsymbol{x}_{t+1} = \boldsymbol{x}_t - \eta_t \tilde{\nabla}_t$

6: **end for**

7: **return** $\overline{\boldsymbol{x}}_T \triangleq \frac{1}{T} \sum_{t=1}^{T} \boldsymbol{x}_t$

由定理 3.4, 在适当选取步长 η_t 的前提下, 该算法在 $T = O\left(\dfrac{1}{\varepsilon^2}\right)$ 次迭代后返回一个 ε 近似解. 此外, 稍加注意并利用定理 3.3, 在参数 $\eta_t = O\left(\dfrac{1}{t}\right)$ 时, 可以得到的收敛速率为 $\tilde{O}\left(\dfrac{1}{\varepsilon}\right)$.

这与标准离线梯度下降方法的收敛速率是一致的. 但是, 注意到每次迭代的消耗都显著减小了——在数据集中仅需要考虑一个样本! 这是 SGD 方法的魔力所在. 利用这些极其低耗的迭代, 可以使得一阶算法达其近优收敛速率. 正是由于这一原因, 该方法被大量应用所使用.

3.5　习题

1. 证明对强凸函数, SGD 方法在适当选择参数 η_t 后, 收敛速率可以达到 $\tilde{O}\left(\dfrac{1}{T}\right)$. 可以假设梯度估计的欧氏范数界为常数 G.

2. 设计一个 OCO 算法, 在相差与 G 和 D 有关的常数因子的意义下, 使得它与 OGD 算法相同的渐近遗憾界, 且无须预先知道参数 G 和 D 的取值.

3. 本习题将证明任何在线凸优化算法的一个紧下界.

(a) 对任意的均匀投币序列 T, 令 N_h 是硬币为正面的次数, N_t 是硬币为背面的次数. 给出 $E\left[|N_h - N_t|\right]$ 的一个渐近紧上界和下界（即在相差常数乘法和加法因子的意义下, 该随机变量的增长可表示为以 T 为自变量的函数）.

(b) 考虑一个 2 专家建议问题, 其代价函数是负相关的: 要么第一个专家的代价为 1, 第二个专家的代价为 0, 要么反之. 使用前述事实设计一个设定, 使得此时任何专家算法的遗憾都会渐近达到其上界.

(c) 考虑在一个凸集 $\mathcal{K}$ 上的一般 OCO 设定. 设计一个设定, 使得此时的代

价函数梯度范数被 G 界定, 并求得一个以 G、$\mathcal{K}$ 的半径和博弈的迭代次数为自变量的遗憾下界.

4. 实现 SVM 训练的 SGD 算法. 将其应用于 MNIST 数据集. 将你的结果与前面章节中给出的离线 GD 算法进行对比.

3.6　文献点评

OCO 架构是由 Zinkevich 在 [110] 中引入的, 文中引入并分析了 OGD 算法. 该算法的前身（尽管其设定并不具一般性）是由 [66] 引入并分析的. 在线凸优化的对数遗憾算法在 [54] 中被引入并被分析.

SGD 算法可以追溯到 Robbins 和 Monro[91]. 将 SGD 方法应用于软边界 SVM 训练的探索在 [100] 中给出. 对强凸函数和非光滑函数 SGD 的紧收敛速率是最近在 [57]、[86]、[102] 中给出的.

第 4 章 二 阶 方 法

本章的目的是考虑第 1 章中介绍的在线投资组合选择的应用. 首先将对这一应用进行细致的描述. 然后给出一个新类型的凸函数来对这一问题进行建模. 这一新类型的函数比前面章节中讨论的强凸函数类更为一般. 基于凸优化的二阶方法, 这类新函数可以得到对数遗憾算法. 与直到现在为止被关注的基于 (次) 梯度的一阶方法不同, 二阶方法利用了目标函数的二阶导数信息.

4.1 动机: 通用投资组合选择

本节非正式地给出在 1.2 节中引入的通用投资组合选择问题的形式化定义.

4.1.1 主流投资组合理论

主流金融理论将股票价格描述为一种被称为几何布朗运动（Geometric Brownian Motion, GBM）的模型. 这一模型假设股票价格的波动本质上可看作是随机游走. 也许使用时间段较为容易思考有关资产（股票）价格的问题, 这些时间段是将时间按照相等的长度进行离散得到的. 因此, 在时间段 $t+1$ 上价格的对数（记为 l_{t+1}）可用时间段 t 上价格的对数与一个有特定均值和方差的高斯随机变量的和给出:

$$l_{t+1} \sim l_t + \mathcal{N}(\mu, \sigma)$$

这仅仅是一个对 GBM 非正式的理解. 其正式的模型对时间是连续的, 粗略地等价于上述的时间段、均值和方差都趋向于 0 的情形.

GBM 模型为投资组合选择问题给出了一些特殊的算法（对更为复杂的应用, 如期权定价问题, 也是一样）. 给定一段时间内某一资产集合中股票价格的均值和方差, 以及它们之间的协方差, 对特定的风险（方差）值, 一个具有最大期望收益（均值）的投资组合可由构造得到.

当然, 最基本的问题是如何得到股票的均值和方差等参数, 更不要说对一个股票的集合, 如何得到它们之间的相互关系了. 一个可以接受的结果是利用历史数据进行估计, 例如, 利用对最近股票价格的历史数据进行估计.

4.1.2 通用投资组合理论

通用投资组合选择理论与前述内容有很大的不同. 其主要的区别在于没有对股票市场进行统计假设. 这一思想将投资模型化为一个不断决策的场景, 这与 OCO 架构能很好地契合, 同时, 将对遗憾的度量作为一个性能指标.

考虑如下的场景: 在每次迭代 $t \in [T]$, 决策者选择 $\boldsymbol{x}_t$, 即她在 n 种资产上的一个财富分布, 满足 $\boldsymbol{x}_t \in \Delta_n$. 此处 $\Delta_n = \left\{ \boldsymbol{x} \in \mathbb{R}_+^n, \sum_i \boldsymbol{x}_i = 1 \right\}$ 为 n 维单形, 即 n 个元素上所有分布的集合. 一个对手独立地在市场上选择资产的回报, 即一个向量 $\boldsymbol{r}_t \in \mathbb{R}_+^n$, $\boldsymbol{r}_t(i)$ 的每一个分量是在迭代 t 和 $t+1$ 之间第 i 种资产价格之间的比例. 例如, 若第 i 个分量为一个 Google 股票持有者用 GOOG 标记的 NASDAQ 交易量, 则

$$\boldsymbol{r}_t(i) = \frac{\text{在时刻 } t+1 \text{ GOOG 的价格}}{\text{在时刻 } t \text{ GOOG 的价格}}$$

决策者如何改变自己的财富呢? 令 W_t 为在迭代 t 时她的总财富. 则在忽略交易

成本的情况下, 有

$$W_{t+1} = W_t \cdot \boldsymbol{r}_t^{\mathrm{T}} \boldsymbol{x}_t$$

经过 T 次迭代后, 总投资财富可用下式给出:

$$W_T = W_1 \cdot \prod_{t=1}^{T} \boldsymbol{r}_t^{\mathrm{T}} \boldsymbol{x}_t$$

决策者的目标是最大化整体的财富收益 W_T/W_0, 它可通过最大化下面的对数值更为方便地求得:

$$\log \frac{W_T}{W_1} = \sum_{t=1}^{T} \log \boldsymbol{r}_t^{\mathrm{T}} \boldsymbol{x}_t$$

上面的公式对 OCO 设定来说已经非常简单了, 尽管它被表示为收益最大化而不是代价最小化. 令

$$f_t(\boldsymbol{x}) = \log\left(\boldsymbol{r}_t^{\mathrm{T}} \boldsymbol{x}_t\right)$$

凸集为 n 维单形 $\mathcal{K} = \Delta_n$, 遗憾被定义为

$$\text{遗憾}_T = \max_{\boldsymbol{x}^\star \in \mathcal{K}} \sum_{t=1}^{T} f_t(\boldsymbol{x}^\star) - \sum_{t=1}^{T} f_t(\boldsymbol{x}_t)$$

函数 f_t 是凹函数而不是凸函数, 在将问题表示为一个最大化而不是最小化的情形时, 它是非常好的. 请注意, 这个原因使得遗憾的定义与考虑最小化问题时通常使用的遗憾记号 (1.1) 相反.

因为它是一个在线凸优化问题的实例, 故可以使用前面各章中研究的在线梯度下降算法, 该算法可以保证遗憾的界为 $O\left(\sqrt{T}\right)$ (参见习题). 在投资时可得到什么保证呢? 为回答这一问题, 下一节将它归结为上面的表达式中 $\boldsymbol{x}^\star$ 可能是什么的问题.

4.1.3 持续再平衡投资组合

当 $\boldsymbol{x}^\star \in \mathcal{K} = \Delta_n$ 为一个 n 维单形中的点时, 考虑 $\boldsymbol{x}^\star = \boldsymbol{e}_1$ 的特殊情形, 即第一个标准基向量（该向量除了第一个元素是 1 外, 其他元素都为 0）. 此时, 项 $\sum_{t=1}^{T} f_t(\boldsymbol{e}_1)$ 变为 $\sum_{t=1}^{T} \log \boldsymbol{r}_t(1)$, 或

$$\log \prod_{t=1}^{T} \boldsymbol{r}_t(1) = \log \left(\frac{\text{在时刻 } T+1 \text{ 时股票的价格}}{\text{初始时股票的价格}} \right)$$

当 T 变得很大时, 任何次线性遗憾（例如, 使用在线梯度下降法可以达到的 $O\left(\sqrt{T}\right)$ 遗憾保证）都能达到趋向于零的平均遗憾. 在本文中, 这意味着长期 财富收益（即在 T 轮中的平均值）与第一只股票一样好. 因为 $\boldsymbol{x}^\star$ 可以是任何 向量, 次线性遗憾保证了平均财富增长可以与任意股票相同！

但是, 正如下面的例子所示, $\boldsymbol{x}^\star$ 可以更好. 考虑一个两只波动剧烈的股票构 成的市场. 第一只股票在每一个偶数天升值 100%, 在接下来一天（奇数天）回 到初始价格. 第二只股票则恰好相反: 在偶数天会下跌 50%, 在奇数天则回到原 来的价格. 形式化地, 我们有

$$\boldsymbol{r}_t(1) = \left(2, \frac{1}{2}, 2, \frac{1}{2}, \cdots \right)$$

$$\boldsymbol{r}_t(2) = \left(\frac{1}{2}, 2, \frac{1}{2}, 2, \cdots \right)$$

显然, 对任何一只股票的投资都无法长期获得收益. 但是, 投资组合 $\boldsymbol{x}^\star = (0.5, 0.5)$ 每天都在以因子 $\boldsymbol{r}_t^{\mathrm{T}} \boldsymbol{x}^\star = \left(\frac{1}{2} \right) + 1 = 1.25$ 增加财富！这样的混合分布称 为固定再平衡投资组合, 因为它需要在每次迭代后将总资金在每一只股票上重 新平衡, 以保证这种固定分布的策略.

因此, 在事后看来, 消失的平均遗憾保证了持续再平衡投资组合的长期增长. 因此, 这种投资组合策略称为通用的（universal）. 已经看到, 在线梯度下降算法给出了一个遗憾为 $O\left(\sqrt{T}\right)$ 的基本通用算法. 我们能否得到更好的遗憾保证?

4.2   exp-凹函数

为简单起见, 回到考虑代价函数为凸函数的情形, 而不是在投资组合应用一节中使用的凹收益函数. 这两个问题是等价的: 只需将凹函数 $f(\boldsymbol{x}) = \log\left(\boldsymbol{r}_t^{\mathrm{T}}\boldsymbol{x}\right)$ 的最大值替换为凸函数 $f(\boldsymbol{x}) = -\log\left(\boldsymbol{r}_t^{\mathrm{T}}\boldsymbol{x}\right)$ 的最小值即可.

在前述各章中已经看到, 通过仔细选择 OGD 算法的步长, 对强凸函数可以得到对数遗憾. 但在投资组合选择问题的 OCO 设定下, 代价函数 $f(\boldsymbol{x}) = -\log\left(\boldsymbol{r}_t^{\mathrm{T}}\boldsymbol{x}\right)$ 不是强凸的. 事实上, 这个函数的黑塞矩阵为

$$\nabla^2 f_t\left(\boldsymbol{x}\right) = \frac{\boldsymbol{r}_t\boldsymbol{r}_t^{\mathrm{T}}}{\left(\boldsymbol{r}_t^{\mathrm{T}}\boldsymbol{x}\right)^2}$$

它是一个秩为 1 的矩阵. 注意到一个二次可微强凸函数的黑塞矩阵是大于单位矩阵的一个倍数且正定, 特别地，它是满秩的. 因此, 上述代价函数完全不是强凸函数.

然而, 观察到的一个重要结果是, 这一黑塞矩阵在梯度方向上的取值是大的. 这一性质被称为 exp 凹性. 下面给出这一性质的严格定义, 同时证明它是得到对数遗憾的充分条件.

定义 4.1   一个下凸函数 $f: \mathbb{R}^n \mapsto \mathbb{R}$ 称为在 $\mathcal{K} \subseteq \mathbb{R}^n$ 上 α-exp 凹的条件是, 若

定义 $g : \mathcal{K} \mapsto \mathbb{R}$ 为

$$g\left(\boldsymbol{x}\right) = \mathrm{e}^{-\alpha f(\boldsymbol{x})}$$

则 g 是一个凹函数.

在下面的讨论中, 回顾 2.1 节中的记号, 特别是简便的矩阵记号 $A \succcurlyeq B$ 表示 $A - B$ 为半正定矩阵. exp 凹性意味着在梯度方向上的强凸性. 它可导出如下的性质:

引理 4.2 一个二阶可微函数 $f : \mathbb{R}^n \mapsto \mathbb{R}$ 在 $\boldsymbol{x}$ 为 α-exp 凹的充要条件是

$$\nabla^2 f\left(\boldsymbol{x}\right) \succcurlyeq \alpha \nabla f\left(\boldsymbol{x}\right) \nabla f\left(\boldsymbol{x}\right)^{\mathrm{T}}$$

这一引理的证明将作为本章最后的习题. 下面证明一个更强的引理.

引理 4.3 令 $f : \mathcal{K} \to \mathbb{R}$ 为一个 α-exp 凹函数, D、G 分别为 $\mathcal{K}$ 的直径和 f (次) 梯度的一个界. 则对所有 $\gamma \leqslant \dfrac{1}{2} \min\left\{\dfrac{1}{4GD}, \alpha\right\}$ 和所有 $\boldsymbol{x}, \boldsymbol{y} \in \mathcal{K}$, 如下不等式成立:

$$f\left(\boldsymbol{x}\right) \geqslant f\left(\boldsymbol{y}\right) + \nabla f(\boldsymbol{y})^{\mathrm{T}}\left(\boldsymbol{x} - \boldsymbol{y}\right) + \frac{\gamma}{2}\left(\boldsymbol{x} - \boldsymbol{y}\right)^{\mathrm{T}} \nabla f\left(\boldsymbol{y}\right) \nabla f\left(\boldsymbol{y}\right)^{\mathrm{T}}\left(\boldsymbol{x} - \boldsymbol{y}\right)$$

证明 由于 $\exp\left(-\alpha f\left(\boldsymbol{x}\right)\right)$ 为凹函数且由定义有 $2\gamma \leqslant \alpha$, 由引理 4.2 可知, 函数 $h\left(\boldsymbol{x}\right) \triangleq \exp\left(-2\gamma f\left(\boldsymbol{x}\right)\right)$ 也是凹的. 根据 $h\left(\boldsymbol{x}\right)$ 的凹性, 有

$$h\left(\boldsymbol{x}\right) \leqslant h\left(\boldsymbol{y}\right) + \nabla h(\boldsymbol{y})^{\mathrm{T}}\left(\boldsymbol{x} - \boldsymbol{y}\right)$$

将 $\nabla h\left(\boldsymbol{y}\right) = -2\gamma \exp\left(-2\gamma f\left(\boldsymbol{y}\right)\right) \nabla f\left(\boldsymbol{y}\right)$ 代入可得

$$\exp\left(-2\gamma f\left(\boldsymbol{x}\right)\right) \leqslant \exp\left(-2\gamma f\left(\boldsymbol{y}\right)\right)\left[1 - 2\gamma \nabla f(\boldsymbol{y})^{\mathrm{T}}\left(\boldsymbol{x} - \boldsymbol{y}\right)\right]$$

将其化简后得到

$$f\left(\boldsymbol{x}\right) \geqslant f\left(\boldsymbol{y}\right) - \frac{1}{2\gamma} \log\left(1 - 2\gamma \nabla f(\boldsymbol{y})^{\mathrm{T}}\left(\boldsymbol{x} - \boldsymbol{y}\right)\right)$$

接下来, 注意到 $\left|2\gamma \nabla f(\boldsymbol{y})^{\mathrm{T}}\left(\boldsymbol{x} - \boldsymbol{y}\right)\right| \leqslant 2\gamma GD \leqslant \frac{1}{4}$ 及对 $|z| \leqslant \frac{1}{4}$, 有 $-\log\left(1 - z\right) \geqslant$ $z + \frac{1}{4}z^2$. 令此不等式中的 $z = 2\gamma \nabla f(\boldsymbol{y})^{\mathrm{T}}\left(\boldsymbol{x} - \boldsymbol{y}\right)$ 就得到了引理. $\qquad\square$

4.3　在线牛顿步算法

到目前为止, 我们仅考虑了最小化遗憾的一阶方法. 本节考虑一个拟牛顿结果, 即一个在线凸优化算法, 该算法估计了二阶导数, 或在超过一维时, 估计了其黑塞矩阵. 但严格地讲, 此处分析的算法仍然是一阶算法, 因为它仅使用了梯度的信息.

此处引入并分析的算法称为在线牛顿步 (online Newton step) 算法, 其细节参见算法 9. 在每一次迭代时, 这一算法选择一个向量, 该向量是前面各步迭代中使用的向量与一个附加向量和的投影向量. 对在线梯度下降算法, 这一附加的向量是前一个代价函数的梯度向量, 而对在线牛顿步算法, 这一向量则是不同的: 它保持了在使用前面的代价函数时, 使用离线 Newton-Raphson 方法能得到的方向. Newton-Raphson 算法会沿着黑塞矩阵的逆与梯度向量乘积的方向移动. 在在线牛顿步算法中, 这一方向为 $A_t^{-1}\nabla_t$, 其中矩阵 A_t 是与黑塞矩阵相关的, 在后面将对其进行分析.

由于在当前的向量中增加了一个牛顿向量 $A_t^{-1}\nabla_t$ 的倍数, 最终得到的点可能会在凸集之外, 因此需要一个附加的投影步来得到 $\boldsymbol{x}_t$, 即在时刻 t 的决策向量. 这一投影与 3.1 节在线梯度下降算法中使用的标准欧氏投影是不同的. 它是

在用 A_t 定义的范数的基础上得到的, 而不是在欧氏范数意义下的.

算法 9   在线牛顿步算法

1: 输入: 凸集 $\mathcal{K}$, T, $\boldsymbol{x}_1 \in \mathcal{K} \subseteq \mathbb{R}^n$, 参数 $\gamma, \varepsilon > 0$, $A_0 = \varepsilon I_n$

2: **for** $t = 1$ 到 T **do**

3:        执行 $\boldsymbol{x}_t$ 并考查代价函数 $f_t(\boldsymbol{x}_t)$.

4:        秩 1 更新: $A_t = A_{t-1} + \nabla_t \nabla_t^{\mathrm{T}}$

5:        牛顿步及投影:

$$\boldsymbol{y}_{t+1} = \boldsymbol{x}_t - \frac{1}{\gamma} A_t^{-1} \nabla_t$$

$$\boldsymbol{x}_{t+1} = \prod_{\mathcal{K}}^{A_t} (\boldsymbol{y}_{t+1})$$

6: **end for**

在线牛顿步算法的优点是, 它对 exp 凹函数存在前面定义的对数遗憾. 下面的定理给出了在线牛顿步算法遗憾的界.

定理 4.4   参数为 $\gamma = \dfrac{1}{2} \min \left\{ \dfrac{1}{4GD}, \alpha \right\}$, $\varepsilon = \dfrac{1}{\gamma^2 D^2}$ 及 $T > 4$ 的算法 9 保证了

$$\text{遗憾}_T \leqslant 5 \left(\frac{1}{\alpha} + GD \right) n \log T$$

第一步, 首先证明下面的引理.

引理 4.5   在线牛顿步算法的遗憾界为

$$\text{遗憾}_T(ONS) \leqslant 4 \left(\frac{1}{\alpha} + GD \right) \left(\sum_{t=1}^{T} \nabla_t^{\mathrm{T}} A_t^{-1} \nabla_t + 1 \right)$$

证明 令 $x^\star \in \arg\min_{x\in\mathcal{K}} \sum_{t=1}^T f_t(x)$ 为事后最好的决策. 利用引理 4.3, 对 $\gamma = \frac{1}{2}\min\left\{\frac{1}{4GD}, \alpha\right\}$,

$$f_t(x_t) - f_t(x^\star) \leqslant R_t$$

其中定义

$$R_t \triangleq \nabla_t^{\mathrm{T}}(x_t - x^\star) - \frac{\gamma}{2}(x^\star - x_t)^{\mathrm{T}}\nabla_t\nabla_t^{\mathrm{T}}(x^\star - x_t)$$

由算法的更新公式 $x_{t+1} = \Pi_{\mathcal{K}}^{A_t}(y_{t+1})$, 现由 y_{t+1} 的定义:

$$y_{t+1} - x^\star = x_t - x^\star - \frac{1}{\gamma}A_t^{-1}\nabla_t \tag{4.1}$$

及

$$A_t(y_{t+1} - x^\star) = A_t(x_t - x^\star) - \frac{1}{\gamma}\nabla_t \tag{4.2}$$

将式 (4.1) 的转置乘以式 (4.2) 可得

$$
\begin{aligned}
&(y_{t+1} - x^\star)^{\mathrm{T}} A_t(y_{t+1} - x^\star) \\
&= (x_t - x^\star)^{\mathrm{T}} A_t(x_t - x^\star) - \frac{2}{\gamma}\nabla_t^{\mathrm{T}}(x_t - x^\star) + \frac{1}{\gamma^2}\nabla_t^{\mathrm{T}}A_t^{-1}\nabla_t
\end{aligned} \tag{4.3}
$$

由于 x_{t+1} 为 y_{t+1} 在 A_t 诱导范数意义下的投影, 则根据 Pythagorean 定理（参见 2.1.1 节）

$$
\begin{aligned}
(y_{t+1} - x^\star)^{\mathrm{T}} A_t(y_{t+1} - x^\star) &= \|y_{t+1} - x^\star\|_{A_t}^2 \\
&\geqslant \|x_{t+1} - x^\star\|_{A_t}^2 \\
&= (x_{t+1} - x^\star)^{\mathrm{T}} A_t(x_{t+1} - x^\star)
\end{aligned}
$$

这一不等式就是在在线梯度下降算法中使用广义投影而不是使用标准投影的原因（参见 3.1 节方程 (3.2)）. 将这一事实结合式 (4.3) 就得到

$$\nabla_t^{\mathrm{T}} (\boldsymbol{x}_t - \boldsymbol{x}^{\star}) \leqslant \frac{1}{2\gamma} \nabla_t^{\mathrm{T}} A_t^{-1} \nabla_t + \frac{\gamma}{2} (\boldsymbol{x}_t - \boldsymbol{x}^{\star})^{\mathrm{T}} A_t (\boldsymbol{x}_t - \boldsymbol{x}^{\star})$$
$$- \frac{\gamma}{2} (\boldsymbol{x}_{t+1} - \boldsymbol{x}^{\star})^{\mathrm{T}} A_t (\boldsymbol{x}_{t+1} - \boldsymbol{x}^{\star})$$

将上式对 $t = 1$ 到 T 求和, 可得

$$\sum_{t=1}^{T} \nabla_t^{\mathrm{T}} (\boldsymbol{x}_t - \boldsymbol{x}^{\star}) \leqslant \frac{1}{2\gamma} \sum_{t=1}^{T} \nabla_t^{\mathrm{T}} A_t^{-1} \nabla_t + \frac{\gamma}{2} (\boldsymbol{x}_1 - \boldsymbol{x}^{\star})^{\mathrm{T}} A_1 (\boldsymbol{x}_1 - \boldsymbol{x}^{\star})$$
$$+ \frac{\gamma}{2} \sum_{t=2}^{T} (\boldsymbol{x}_t - \boldsymbol{x}^{\star})^{\mathrm{T}} (A_t - A_{t-1}) (\boldsymbol{x}_t - \boldsymbol{x}^{\star})$$
$$- \frac{\gamma}{2} (\boldsymbol{x}_{T+1} - \boldsymbol{x}^{\star})^{\mathrm{T}} A_T (\boldsymbol{x}_{T+1} - \boldsymbol{x}^{\star})$$
$$\leqslant \frac{1}{2\gamma} \sum_{t=1}^{T} \nabla_t^{\mathrm{T}} A_t^{-1} \nabla_t + \frac{\gamma}{2} \sum_{t=1}^{T} (\boldsymbol{x}_t - \boldsymbol{x}^{\star})^{\mathrm{T}} \nabla_t \nabla_t^{\mathrm{T}} (\boldsymbol{x}_t - \boldsymbol{x}^{\star})$$
$$+ \frac{\gamma}{2} (\boldsymbol{x}_1 - \boldsymbol{x}^{\star})^{\mathrm{T}} (A_1 - \nabla_1 \nabla_1^{\mathrm{T}}) (\boldsymbol{x}_1 - \boldsymbol{x}^{\star})$$

在最后一个不等式中使用了 $A_t - A_{t-1} = \nabla_t \nabla_t^{\mathrm{T}}$, 及矩阵 A_T 为半正定的事实, 因此不等式的最后一项是负的. 故

$$\sum_{t=1}^{T} R_t \leqslant \frac{1}{2\gamma} \sum_{t=1}^{T} \nabla_t^{\mathrm{T}} A_t^{-1} \nabla_t + \frac{\gamma}{2} (\boldsymbol{x}_1 - \boldsymbol{x}^{\star})^{\mathrm{T}} (A_1 - \nabla_1 \nabla_1^{\mathrm{T}}) (\boldsymbol{x}_1 - \boldsymbol{x}^{\star})$$

利用算法参数 $A_1 - \nabla_1 \nabla_1^{\mathrm{T}} = \varepsilon I_n, \varepsilon = \dfrac{1}{\gamma^2 D^2}$ 及直径的记号 $\|\boldsymbol{x}_1 - \boldsymbol{x}^{\star}\|^2 \leqslant D^2$, 有

$$遗憾_T (ONS) \leqslant \sum_{t=1}^{T} R_t \leqslant \frac{1}{2\gamma} \sum_{t=1}^{T} \nabla_t^{\mathrm{T}} A_t^{-1} \nabla_t + \frac{\gamma}{2} D^2 \varepsilon$$

$$\leqslant \frac{1}{2\gamma} \sum_{t=1}^{T} \nabla_t^{\mathrm{T}} A_t^{-1} \nabla_t + \frac{1}{2\gamma}$$

由于 $\gamma = \frac{1}{2} \min \left\{ \frac{1}{4GD}, \alpha \right\}$, 可得 $\frac{1}{\gamma} \leqslant 8 \left(\frac{1}{\alpha} + GD \right)$. 这就给出了引理. $\square$

现在可以证明定理 4.4.

定理 4.4 的证明 首先证明 $\sum_{t=1}^{T} \nabla_t^{\mathrm{T}} A_t^{-1} \nabla_t$ 的上界是被等比级数的和限定的.
注意到

$$\nabla_t^{\mathrm{T}} A_t^{-1} \nabla_t = A_t^{-1} \bullet \nabla_t \nabla_t^{\mathrm{T}} = A_t^{-1} \bullet (A_t - A_{t-1})$$

对其中的矩阵 $A, B \in \mathbb{R}^{n \times n}$, 记 $A \bullet B = \sum_{i=1}^{n} \sum_{j=1}^{n} A_{ij} B_{ij} = \mathrm{Tr}\left(AB^{\mathrm{T}}\right)$, 它等价
于将这些矩阵看作 $\mathbb{R}^{n^2}$ 中向量时的内积.

对实数 $a, b \in \mathbb{R}_+$, 在点 a 处 b 的对数的一阶 Taylor 展开式意味着 $a^{-1}(a-b) \leqslant \log \frac{a}{b}$. 对半正定矩阵也有一个类似的结果, 即 $A^{-1} \bullet (A - B) \leqslant \log \frac{|A|}{|B|}$, 其中 $|A|$ 表示矩阵 A 的行列式（这一结论在引理 4.6 中证明）. 利用这一事实, 有

$$\sum_{t=1}^{T} \nabla_t^{\mathrm{T}} A_t^{-1} \nabla_t = \sum_{t=1}^{T} A_t^{-1} \bullet \nabla_t \nabla_t^{\mathrm{T}}$$

$$= \sum_{t=1}^{T} A_t^{-1} \bullet (A_t - A_{t-1})$$

$$\leqslant \sum_{t=1}^{T} \log \frac{|A_t|}{|A_{t-1}|} = \log \frac{|A_T|}{|A_0|}$$

由于 $A_T = \sum_{t=1}^{T} \nabla_t \nabla_t^{\mathrm{T}} + \varepsilon I_n$ 且 $\|\nabla_t\| \leqslant G$, A_T 最大的特征值最多是 $TG^2 + \varepsilon$. 因此 A_T 的行列式满足 $|A_T| \leqslant (TG^2 + \varepsilon)^n$. 回顾 $\varepsilon = \frac{1}{\gamma^2 D^2}$ 及对 $T > 4$ 有
$\gamma = \frac{1}{2} \min \left\{ \frac{1}{4GD}, \alpha \right\}$, 于是

$$\sum_{t=1}^{T} \nabla_t^{\mathrm{T}} A_t^{-1} \nabla_t \leqslant \log \left(\frac{TG^2 + \varepsilon}{\varepsilon} \right)^n \leqslant n \log \left(TG^2 \gamma^2 D^2 + 1 \right) \leqslant n \log T$$

代入引理 4.5 的结论可得

$$\text{遗憾}_T\left(\text{ONS}\right) \leqslant 4\left(\frac{1}{\alpha}+GD\right)\left(n\log T+1\right)$$

故定理在 $n>1$, $T \geqslant 8$ 时成立. $\square$

下面还需证明前面使用的对半正定（Positive SemiDefinite, PSD）矩阵成立的引理.

引理 4.6   令 $A \succeq B \succ 0$ 为正定矩阵. 则

$$A^{-1} \bullet (A-B) \leqslant \log \frac{|A|}{|B|}$$

证明   对任意正定矩阵 C, 记 $\lambda_1(C), \lambda_2(C), \cdots, \lambda_n(C)$ 为其特征值（它们均为正的）.

$$
\begin{aligned}
A^{-1} \bullet (A-B) &= \text{Tr}\left(A^{-1}(A-B)\right) \\
&= \text{Tr}\left(A^{-1/2}(A-B)A^{-1/2}\right) && \text{Tr}(XY) = \text{Tr}(YX) \\
&= \text{Tr}\left(I - A^{-1/2}BA^{-1/2}\right) \\
&= \sum_{i=1}^{n}\left[1-\lambda_i\left(A^{-1/2}BA^{-1/2}\right)\right] && \text{Tr}(C) = \sum_{i=1}^{n}\lambda_i(C) \\
&\leqslant -\sum_{i=1}^{n}\log\left[\lambda_i\left(A^{-1/2}BA^{-1/2}\right)\right] && 1-x \leqslant -\log(x) \\
&= -\log\left[\prod_{i=1}^{n}\lambda_i\left(A^{-1/2}BA^{-1/2}\right)\right] \\
&= -\log\left|A^{-1/2}BA^{-1/2}\right| = \log\frac{|A|}{|B|} && |C| = \prod_{i=1}^{n}\lambda_i(C)
\end{aligned}
$$

在最后的等式中, 我们使用了对半正定矩阵成立的事实: $|AB| = |A||B|$ 和 $|A^{-1}| = \frac{1}{|A|}$. $\square$

实现与运行时间　在线牛顿步算法需要 $O(n^2)$ 存储空间来存储矩阵 A_t. 每一次迭代需要计算矩阵 A_t^{-1}、当前的梯度、一个矩阵与向量的乘积, 以及可能需要的向基本凸集 $\mathcal{K}$ 上的投影.

一种初等的实现方法需要在每一次迭代时计算矩阵 A_t 的逆. 但是, 当 A_t 可逆时, 矩阵求逆的引理（参见文献点评）表明, 对可逆矩阵 A 和向量 $\boldsymbol{x}$, 有

$$\left(A + \boldsymbol{x}\boldsymbol{x}^{\mathrm{T}}\right)^{-1} = A^{-1} - \frac{A^{-1}\boldsymbol{x}\boldsymbol{x}^{\mathrm{T}}A^{-1}}{1 + \boldsymbol{x}^{\mathrm{T}}A^{-1}\boldsymbol{x}}$$

因此, 给定 A_{t-1}^{-1} 和 ∇_t, 可以仅使用矩阵与向量的乘法和向量与向量的乘法, 用 $O(n^2)$ 时间给出 A_t^{-1}.

在线牛顿步算法也需要在 $\mathcal{K}$ 上投影, 但与在线梯度下降算法和其他在线凸优化算法的情形有所不同. 此处需要的投影（记为 $\Pi_{\mathcal{K}}^{A_t}$）为向量在矩阵 A_t 诱导范数下的投影, 即 $\|\boldsymbol{x}\|_{A_t} = \sqrt{\boldsymbol{x}^{\mathrm{T}}A_t\boldsymbol{x}}$. 它等价于求向量 $\boldsymbol{x} \in \mathcal{K}$, 使其最小化 $(\boldsymbol{x} - \boldsymbol{y})^{\mathrm{T}}A_t(\boldsymbol{x} - \boldsymbol{y})$, 其中 $\boldsymbol{y}$ 为被投影的点. 这是一个凸规划, 它可以使用多项式时间得到任意精度的解.

在相差常数倍数的前提下, 广义投影算法、在线牛顿步算法可以使用 $O(n^2)$ 的时间和空间复杂度实现. 此外, 它们仅需在每一步中给出梯度的信息（以及代价函数中的 exp 凹常数 α）.

4.4　习题

1. 证明 exp 凹函数是比强凸函数更大的函数类. 也即证明在有界区域上的强凸函数也是 exp 凹函数. 证明其逆并不一定成立.

2. 证明一个函数 f 为 $\mathcal{K}$ 上 α-exp 凹函数的充要条件是对任意 $\boldsymbol{x} \in \mathcal{K}$,

$$\nabla^2 f(\boldsymbol{x}) \succeq \alpha \nabla f(\boldsymbol{x}) \nabla f(\boldsymbol{x})^{\mathrm{T}}$$

提示: 考虑函数 $\mathrm{e}^{-\alpha f(\boldsymbol{x})}$ 的黑塞矩阵, 并利用一个凸函数的黑塞矩阵总是半正定的事实.

3. 给出基于在线梯度下降算法的投资组合选择算法伪代码. 也即, 给定一个回报向量的集合, 给出准确的常数和基于代价函数梯度的更新. 导出基于定理 3.1 的遗憾界.

将在线牛顿步算法应用于投资组合选择, 再次做前述过程.

4. 通过在线金融网站下载你感兴趣的周期不少于三年的股票价格数据. 通过创建价格–回报向量建立一个测试投资组合选择算法的数据库. 实现 OGD 和 ONS 算法, 并用你的数据对它们进行评估.

4.5   文献点评

股票价格的几何布朗运动模型最早于 1900 年在 Louis Bachelier 的博士论文 [17] 中引入并被研究, 也可以参考 Osborne 的工作 [83], 该方法用于 Black 和 Scholes 获得诺贝尔奖的有关期权定价的工作中 [19]. 由于它与传统经济理论存在强烈的背离, Thomas Cover[32] 提出了通用投资组合模型, 其算法理论已经在第 1 章中进行了历史性的描述. 一些经典投资组合理论和通用模型之间的桥梁可参见 [1]. 期权定价及其与遗憾极小化之间的关系是最近在 [36] 的工作中给出的.

exp 凹函数首次在考虑预测的文献 [68] 中出现, 也可以参见 [29]（3.3 节和其参考文献）. 对二次代价函数, [15] 给出了一个专门定制的近优预测算法. [54] 中给出了在线凸优化的对数遗憾算法和在线牛顿步算法.

Sherman-Morrison 公式（也就是矩阵求逆的引理）给出了一个秩 1 更新后矩阵逆的形式, 参见 [89].

第 5 章 正 则 化

前面章节已经探索了由凸优化驱动的 OCO 算法. 但是, 与凸优化不同的是, OCO 架构优化了遗憾性能指标. 这一不同造就了一族算法, 它们称为 "正则化的领袖追随"（Regularized Follow The Leader, RFTL）算法, 该算法将在本章中进行介绍.

在一个最小化遗憾的 OCO 设定中, 对在线参与者来讲, 最直接的做法是在任何时刻都使用事后看来是最优的决策（即凸集中的点）. 形式化地讲, 令

$$\boldsymbol{x}_{t+1} = \arg\min_{\boldsymbol{x} \in \mathcal{K}} \sum_{\tau=1}^{t} f_\tau(\boldsymbol{x})$$

这一策略在经济学中称为 "虚拟行动", 在机器学习中称为 "领袖追随"（Follow The Leader, FTL）. 容易看到这一简单的策略在一种最坏的情形下是会造成错误的. 也即, 该策略的遗憾在下面给出的简单例子中可以是迭代次数的线性函数: 考虑 $\mathcal{K} = [-1, 1]$, 令 $f_1(x) = \frac{1}{2}x$, 并令 $f_\tau, \tau = 2, \cdots, T$ 在 $-x$ 或 x 之间交替取值. 故

$$\sum_{\tau=1}^{t} f_\tau(x) = \begin{cases} \dfrac{1}{2}x, & t \text{ 为奇数} \\[2mm] -\dfrac{1}{2}x, & \text{其他情形} \end{cases}$$

FTL 策略将会不断在 $x_t = -1$ 和 $x_t = 1$ 之间切换, 总是会得到错误的选择.

直观的 FTL 策略在上面的例子中失败了, 因为它是不稳定的. 能否修改 FTL 策略, 使得它不会过于频繁地改变决策, 并使得它具有较低的遗憾?

这一问题推动了对一般的稳定 FTL 方法的需求. 这种意义被称为 "正则化".

5.1 正则函数

本章考虑强凸且光滑的正则函数（回顾 2.1 节中的定义）, 将它们记为 $R : \mathcal{K} \mapsto \mathbb{R}$.

尽管不是严格必要的, 总是假设本章中的正则函数在 $\mathcal{K}$ 上是二次可微的, 且对决策集合内部的所有点 $\boldsymbol{x} \in \mathrm{int}\,(\mathcal{K})$, 由于 R 的强凸性, 都有一个正定的黑塞矩阵 $\nabla^2 R(\boldsymbol{x})$.

将与函数 R 相关的集合 $\mathcal{K}$ 的直径记为

$$D_R = \sqrt{\max_{\boldsymbol{x},\boldsymbol{y} \in \mathcal{K}} \left\{ R(\boldsymbol{x}) - R(\boldsymbol{y}) \right\}}$$

后面会用到广义范数及它们的对偶. 一个范数 $\|\cdot\|$ 的对偶范数被定义为:

$$\|\boldsymbol{y}\|^* \triangleq \max_{\|\boldsymbol{x}\| \leqslant 1} \langle \boldsymbol{x}, \boldsymbol{y} \rangle$$

一个正定矩阵 A 可以给出矩阵范数 $\|\boldsymbol{x}\|_A = \sqrt{\boldsymbol{x}^{\mathrm{T}} A \boldsymbol{x}}$. 该矩阵范数的对偶范数为 $\|\boldsymbol{x}\|_A^* = \|\boldsymbol{x}\|_{A^{-1}}$.

广义的 Cauchy-Schwartz 定理为 $\langle \boldsymbol{x}, \boldsymbol{y} \rangle \leqslant \|\boldsymbol{x}\| \|\boldsymbol{y}\|^*$. 特别地对矩阵范数有 $\langle \boldsymbol{x}, \boldsymbol{y} \rangle \leqslant \|\boldsymbol{x}\|_A \|\boldsymbol{y}\|_A^*$ （参见习题 1 ）.

在本书的推导中, 通常考虑相应于 $\nabla^2 R(\boldsymbol{x})$ 的矩阵范数, 即相应于正则函数 $R(\boldsymbol{x})$ Hessian 的矩阵范数. 此时, 使用记号

$$\|\boldsymbol{x}\|_{\boldsymbol{y}} \triangleq \|\boldsymbol{x}\|_{\nabla^2 R(\boldsymbol{y})}$$

及类似的

$$\|\boldsymbol{x}\|_{\boldsymbol{y}}^* \triangleq \|\boldsymbol{x}\|_{\nabla^{-2} R(\boldsymbol{y})}$$

在分析使用了正则化方法的 OCO 算法时, 一个重要的量是正则函数 Taylor 近似的余项, 特别是一阶 Taylor 近似的余项. 正则函数在点 $\boldsymbol{x}$ 处的函数值与其一阶 Taylor 近似的差被称为 Bregman 散度.

定义 5.1　相应于函数 R 的 Bregman 散度被记为 $B_R(\boldsymbol{x}\|\boldsymbol{y})$, 其定义为

$$B_R(\boldsymbol{x}\|\boldsymbol{y}) = R(\boldsymbol{x}) - R(\boldsymbol{y}) - \nabla R(\boldsymbol{y})^{\mathrm{T}} (\boldsymbol{x} - \boldsymbol{y})$$

对二次可微函数, Taylor 展开式和中值定理表明 Bregman 散度等于某中间点处的二阶导数值, 即（参见习题）

$$B_R(\boldsymbol{x}\|\boldsymbol{y}) = \frac{1}{2} \|\boldsymbol{x} - \boldsymbol{y}\|_{\boldsymbol{z}}^2$$

对某个点 $\boldsymbol{z} \in [\boldsymbol{x}, \boldsymbol{y}]$ 成立, 这意味着存在某 $\alpha \in [0, 1]$, 使得 $\boldsymbol{z} = \alpha \boldsymbol{x} + (1 - \alpha) \boldsymbol{y}$. 由此, Bregman 散度定义了一个有对偶范数的局部范数. 其对偶范数被记为

$$\|\cdot\|_{\boldsymbol{x}, \boldsymbol{y}}^* \triangleq \|\cdot\|_{\boldsymbol{z}}^*$$

利用这一记号, 有

$$B_R\left(\boldsymbol{x} \| \boldsymbol{y}\right) = \frac{1}{2}\left\|\boldsymbol{x} - \boldsymbol{y}\right\|_{\boldsymbol{x},\boldsymbol{y}}^2$$

在在线凸优化中, 经常使用两个连续的决策点 $\boldsymbol{x}_t$ 和 $\boldsymbol{x}_{t+1}$ 之间的 Bregman 散度. 此时, 将 $[\boldsymbol{x}_t, \boldsymbol{x}_{t+1}]$ 之间的点相应于 R 的 Bregman 散度简记为 $\|\cdot\|_t \triangleq \|\cdot\|_{\boldsymbol{x}_t \boldsymbol{x}_{t+1}}$. 其后的范数被称为在迭代 t 时的局部范数. 利用这一记号可得 $B_R\left(\boldsymbol{x}_t \| \boldsymbol{x}_{t+1}\right) = \frac{1}{2}\left\|\boldsymbol{x}_t - \boldsymbol{x}_{t+1}\right\|_t^2$.

最后, 考虑下面的使用 Bregman 散度替代范数构造距离的广义投影. 形式上说, 一个点 $\boldsymbol{y}$ 相应于函数 R 的 Bregman 散度得到的广义投影为

$$\arg\min_{\boldsymbol{x}\in\mathcal{K}} B_R\left(\boldsymbol{x}\|\boldsymbol{y}\right)$$

5.2 RFTL 算法及其分析

回顾直接使用 "领袖追随" 方法时的警示: 在曾经考虑的最坏例子中, FTL 的预测结果在从一次迭代到下一次迭代的过程中可能发生很大变化. 这促使人们对基本 FTL 算法进行修正以得到稳定的预测. 通过增加正则项, 就得到了 RFTL (正则化的领袖追随) 算法.

下面对 RFTL 算法模板进行形式化描述并对其进行分析. 这些分析给出了渐近最优的遗憾界. 但是, 此处并不对遗憾界中的常数进行优化, 以使得表达式更为清晰.

本章中, 仍使用 ∇_t 表示在当前点处当前代价函数的梯度, 即

$$\nabla_t \triangleq \nabla f_t\left(\boldsymbol{x}_t\right)$$

在 OCO 设定下, 凸代价函数的遗憾可被一个线性函数依不等式 $f(\boldsymbol{x}_t) - f(\boldsymbol{x}^\star) \leqslant \nabla_t^{\mathrm{T}}(\boldsymbol{x}_t - \boldsymbol{x}^\star)$ 界定. 因此, 一个 OCO 算法的总遗憾 (参考定义 (1.1)) 可被下式

界定:

$$\sum_t f_t(\boldsymbol{x}_t) - f_t(\boldsymbol{x}^\star) \leqslant \sum_t \nabla_t^{\mathrm{T}}(\boldsymbol{x}_t - \boldsymbol{x}^\star) \tag{5.1}$$

5.2.1 元算法的定义

通用 RFTL 元算法的定义参见算法 10 . 假定正则函数 R 为强凸、光滑且二阶可微.

算法 10   正则化的领袖追随算法

1: 输入: $\eta > 0$, 正则函数 R , 以及一个凸紧集 $\mathcal{K}$.

2: 令 $\boldsymbol{x}_1 = \underset{\boldsymbol{x} \in \mathcal{K}}{\arg \min} \{R(\boldsymbol{x})\}$.

3: **for** $t = 1$ 到 T **do**

4:      预测 $\boldsymbol{x}_t$.

5:      考查回报函数 f_t , 并令 $\nabla_t = \nabla f_t(\boldsymbol{x}_t)$.

6:      更新

$$\boldsymbol{x}_{t+1} = \underset{\boldsymbol{x} \in \mathcal{K}}{\arg \min} \left\{ \eta \sum_{s=1}^t \nabla_s^{\mathrm{T}} \boldsymbol{x} + R(\boldsymbol{x}) \right\}$$

7: **end for**

5.2.2 遗憾界

定理 5.2   对每一个 $\boldsymbol{u} \in \mathcal{K}$, RFTL 算法 10 可达到如下的遗憾界:

$$\text{遗憾}_T \leqslant 2\eta \sum_{t=1}^T \|\nabla_t\|_t^{*2} + \frac{R(\boldsymbol{u}) - R(\boldsymbol{x}_1)}{\eta}$$

如果局部范数的一个上界是已知的, 即对所有时间 t, $\|\nabla_t\|_t^* \leqslant G_R$, 则可通过选择 η 进一步优化得

$$遗憾_T \leqslant 2D_R G_R \sqrt{2T}$$

为证明定理 5.2, 首先在遗憾与预测中的 "稳定性" 之间建立关联. 这可用下面的引理[⊖]进行形式化表述.

引理 5.3　对每一个 $u \in \mathcal{K}$, 算法 10 保证了如下的遗憾界:

$$遗憾_T \leqslant \sum_{t=1}^{T} \nabla_t^{\mathrm{T}}(x_t - x_{t+1}) + \frac{1}{\eta} D_R^2$$

证明　为方便推导, 定义函数

$$g_0(x) \triangleq \frac{1}{\eta} R(x), \quad g_t(x) \triangleq \nabla_t^{\mathrm{T}} x$$

根据方程 (5.1), 只需估计 $\sum_{t=1}^{T}[g_t(x_t) - g_t(u)]$ 的界即可. 首先, 证明下面的不等式:

引理 5.4

$$\sum_{t=0}^{T} g_t(u) \geqslant \sum_{t=0}^{T} g_t(x_{t+1})$$

证明　对 T 用数学归纳法:

基础步: 由定义有 $x_1 = \arg\min_{x \in \mathcal{K}}\{R(x)\}$, 因此对所有的 u, 有 $g_0(u) \geqslant g_0(x_1)$.

⊖　从历史上看, 这一引理被称为 "FTL-BTL" 定理, 其含义为领袖追随与成为领袖. BTL 为一个假想的算法, 它在第 t 次迭代时对 x_{t+1} 进行预测, 其中 x_t 为 FTL 算法得到的预测值. 这些项的引入应归功于 Kalai 和 Vempala^[63].

归纳步: 假设对 T' 有

$$\sum_{t=0}^{T'} g_t(\boldsymbol{u}) \geqslant \sum_{t=0}^{T'} g_t(\boldsymbol{x}_{t+1})$$

下面证明该结论对 $T'+1$ 也是成立的. 因为 $\boldsymbol{x}_{T'+2} = \arg\min_{\boldsymbol{x}\in\mathcal{K}} \left\{\sum_{t=0}^{T'+1} g_t(\boldsymbol{x})\right\}$, 故有:

$$\begin{aligned}
\sum_{t=0}^{T'+1} g_t(\boldsymbol{u}) &\geqslant \sum_{t=0}^{T'+1} g_t(\boldsymbol{x}_{T'+2}) \\
&= \sum_{t=0}^{T'} g_t(\boldsymbol{x}_{T'+2}) + g_{T'+1}(\boldsymbol{x}_{T'+2}) \\
&\geqslant \sum_{t=0}^{T'} g_t(\boldsymbol{x}_{t+1}) + g_{T'+1}(\boldsymbol{x}_{T'+2}) \\
&= \sum_{t=0}^{T'+1} g_t(\boldsymbol{x}_{t+1})
\end{aligned}$$

其中的第三行使用了归纳假设 $\boldsymbol{u} = \boldsymbol{x}_{T'+2}$.   □

因此可得结论

$$\begin{aligned}
\sum_{t=1}^{T} [g_t(\boldsymbol{x}_t) - g_t(\boldsymbol{u})] &\leqslant \sum_{t=1}^{T} [g_t(\boldsymbol{x}_t) - g_t(\boldsymbol{x}_{t+1})] + [g_0(\boldsymbol{u}) - g_0(\boldsymbol{x}_1)] \\
&= \sum_{t=1}^{T} g_t(\boldsymbol{x}_t) - g_t(\boldsymbol{x}_{t+1}) + \frac{1}{\eta}[R(\boldsymbol{u}) - R(\boldsymbol{x}_1)] \\
&\leqslant \sum_{t=1}^{T} g_t(\boldsymbol{x}_t) - g_t(\boldsymbol{x}_{t+1}) + \frac{1}{\eta}D_R^2
\end{aligned}$$

□

定理 5.2 的证明   已知 $R(\boldsymbol{x})$ 为一个凸函数, $\mathcal{K}$ 为一个凸集. 记

$$\Phi_t(\boldsymbol{x}) \triangleq \left\{\eta \sum_{s=1}^{t} \nabla_s^{\mathrm{T}}\boldsymbol{x} + R(\boldsymbol{x})\right\}$$

利用在 $\boldsymbol{x}_{t+1}$ 处的 Taylor 展开式（使用由中值定理显式表示的余项），及 Bregman 散度的定义有

$$\Phi_t\left(\boldsymbol{x}_t\right) = \Phi_t\left(\boldsymbol{x}_{t+1}\right) + \left(\boldsymbol{x}_t - \boldsymbol{x}_{t+1}\right)^{\mathrm{T}} \nabla \Phi_t\left(\boldsymbol{x}_{t+1}\right) + B_{\Phi_t}\left(\boldsymbol{x}_t \| \boldsymbol{x}_{t+1}\right)$$

$$\geqslant \Phi_t\left(\boldsymbol{x}_{t+1}\right) + B_{\Phi_t}\left(\boldsymbol{x}_t \| \boldsymbol{x}_{t+1}\right)$$

$$= \Phi_t\left(\boldsymbol{x}_{t+1}\right) + B_R\left(\boldsymbol{x}_t \| \boldsymbol{x}_{t+1}\right)$$

不等式成立的原因如定理 2.2 所述, $\boldsymbol{x}_{t+1}$ 为 Φ_t 在 $\mathcal{K}$ 上的一个极小值点. 最后的等式成立的原因是项 $\nabla_s^{\mathrm{T}} \boldsymbol{x}$ 为线性的, 因此并不影响 Bregman 散度. 故

$$B_R\left(\boldsymbol{x}_t \| \boldsymbol{x}_{t+1}\right) \leqslant \Phi_t\left(\boldsymbol{x}_t\right) - \Phi_t\left(\boldsymbol{x}_{t+1}\right) \tag{5.2}$$

$$= \left(\Phi_{t-1}\left(\boldsymbol{x}_t\right) - \Phi_{t-1}\left(\boldsymbol{x}_{t+1}\right)\right) + \eta \nabla_t^{\mathrm{T}}\left(\boldsymbol{x}_t - \boldsymbol{x}_{t+1}\right)$$

$$\leqslant \eta \nabla_t^{\mathrm{T}}\left(\boldsymbol{x}_t - \boldsymbol{x}_{t+1}\right) \qquad \left(\boldsymbol{x}_t \text{ 为极小值点}\right)$$

为继续推导, 注意到在点 $\boldsymbol{x}_t$ 和 $\boldsymbol{x}_{t+1}$ 相应于 R 的 Bregman 散度范数简写为 $\|\cdot\|_t = \|\cdot\|_{\boldsymbol{x}_t, \boldsymbol{x}_{t+1}}$. 类似地, 其对偶范数记为 $\|\cdot\|_t^* = \|\cdot\|_{\boldsymbol{x}_t, \boldsymbol{x}_{t+1}}^*$. 利用这些记号, 有 $B_R\left(\boldsymbol{x}_t \| \boldsymbol{x}_{t+1}\right) = \frac{1}{2}\|\boldsymbol{x}_t - \boldsymbol{x}_{t+1}\|_t^2$. 利用广义 Cauchy-Schwartz 不等式有

$$\nabla_t^{\mathrm{T}}\left(\boldsymbol{x}_t - \boldsymbol{x}_{t+1}\right) \leqslant \|\nabla_t\|_t^* \cdot \|\boldsymbol{x}_t - \boldsymbol{x}_{t+1}\|_t \quad \text{Cauchy - Schwartz}$$

$$= \|\nabla_t\|_t^* \cdot \sqrt{2 B_R\left(\boldsymbol{x}_t \| \boldsymbol{x}_{t+1}\right)}$$

$$\leqslant \|\nabla_t\|_t^* \cdot \sqrt{2\eta \nabla_t^{\mathrm{T}}\left(\boldsymbol{x}_t - \boldsymbol{x}_{t+1}\right)} \qquad \text{式 (5.2)}$$

重新整理后得到

$$\nabla_t^{\mathrm{T}}\left(\boldsymbol{x}_t - \boldsymbol{x}_{t+1}\right) \leqslant 2\eta \|\nabla_t\|_t^{*2}$$

将这一不等式与引理 5.3 结合就得到了定理的结论. $\qquad \qquad \square$

5.3   在线镜像下降法

在凸优化的文献中, "镜像下降" 指的是一大类一阶广义梯度下降方法. 在线镜像下降（Online Mirrored Descent, OMD）为这一类方法在在线问题中对应的方法. 这一关联与在线梯度下降法和传统（离线）梯度下降法的关联是类似的.

OMD 是一种迭代算法, 它使用简单的梯度更新规则和前面的决策点来计算当前的决策点, 这与 OGD 是类似的. 该方法的普遍性在于其更新是在 "对偶" 空间中进行的, 其中对偶记号是由正则性选择定义的: 正则函数的梯度定义了一个从 $\mathbb{R}^n$ 到其自身的映射, 它是一个向量场. 于是, 梯度更新就是在这个向量场中进行的.

对 RFTL 算法, 其直观性是显然的——正则化用于保证决策的稳定性. 对 OMD 算法, 正则化还有一些其他的目的: 正则化变换了执行梯度更新时所使用的空间. 这一变换使得空间的几何特性发生了变化, 从而得到了更好的界.

OMD 算法有两个不同的形式: 一个是敏捷型（agile version）, 一个是迟缓型（lazy version）. 迟缓型算法始终使用欧氏空间中的点, 只有在决策时才向凸决策集 $\mathcal{K}$ 进行投影. 与此相反, 敏捷型算法则保证在所有时刻都使用可行点, 这与 OGD 算法类似.

由分析可知, 这两种形式都可以粗略地得到与 RFTL 算法相同的遗憾界. 对比后面将会看到的内容, 并不奇怪的是: 对线性代价函数, RFTL 和迟缓型 OMD 算法是等价的!

因此, 我们容易得到迟缓型算法的遗憾界. 可以证明, 敏捷型算法能够达到类似的遗憾界, 并且在某些特定的、需要自适应设定的情况下还具有优势. 此处,后面的一个话题超出了本书的范畴. 但是, 有关敏捷型算法的分析受到了特别的关注, 本书将在下面给出.

算法 11 在线镜像下降算法

1: 输入: 参数 $\eta > 0$, 正则函数 $R(\boldsymbol{x})$.

2: 令 $\boldsymbol{y}_1$ 满足 $\nabla R(\boldsymbol{y}_1) = \mathbf{0}$, 并令 $\boldsymbol{x}_1 = \arg\min_{\boldsymbol{x} \in \mathcal{K}} B_R(\boldsymbol{x} \| \boldsymbol{y}_1)$.

3: **for** $t = 1$ 到 T **do**

4:     执行 $\boldsymbol{x}_t$.

5:     考查回报函数 f_t, 并令 $\nabla_t = \nabla f_t(\boldsymbol{x}_t)$.

6:     根据下面的规则更新 $\boldsymbol{y}_t$:

$$\nabla R(\boldsymbol{y}_{t+1}) = \nabla R(\boldsymbol{y}_t) - \eta \nabla_t \quad \text{(迟缓型)}$$
$$\nabla R(\boldsymbol{y}_{t+1}) = \nabla R(\boldsymbol{x}_t) - \eta \nabla_t \quad \text{(敏捷型)}$$

    投影是依据 B_R 的:

$$\boldsymbol{x}_{t+1} = \arg\min_{\boldsymbol{x} \in \mathcal{K}} B_R(\boldsymbol{x} \| \boldsymbol{y}_{t+1})$$

7: **end for**

5.3.1 迟缓型 OMD 算法与 RFTL 算法的等价性

接下来可以看到, 当使用线性代价函数时, OMD (迟缓型) 算法和 RFTL 算法是相同的.

引理 5.5 令 $f_1, \cdots, f_T$ 为线性代价函数. 迟缓型 OMD 和 RFTL 算法得到相

同的预测结果, 即

$$\underset{\boldsymbol{x}\in\mathcal{K}}{\arg\min}\, B_R\left(\boldsymbol{x}\|\boldsymbol{y}_t\right)=\underset{\boldsymbol{x}\in\mathcal{K}}{\arg\min}\left(\eta\sum_{s=1}^{t-1}\nabla_s^{\mathrm{T}}\boldsymbol{x}+R\left(\boldsymbol{x}\right)\right)$$

证明   首先, 注意到无约束的极小值点

$$\boldsymbol{x}_t^\star\triangleq\underset{\boldsymbol{x}\in\mathbb{R}^n}{\arg\min}\left\{\sum_{s=1}^{t-1}\nabla_s^{\mathrm{T}}\boldsymbol{x}+\frac{1}{\eta}R\left(\boldsymbol{x}\right)\right\}$$

满足

$$\nabla R\left(\boldsymbol{x}_t^\star\right)=-\eta\sum_{s=1}^{t-1}\nabla_s$$

由定义, $\boldsymbol{y}_t$ 也满足上面的方程, 但由于 $R\left(\boldsymbol{x}\right)$ 是严格凸的, 上面的方程只有一个解, 因此 $\boldsymbol{y}_t=\boldsymbol{x}_t^\star$. 于是

$$B_R\left(\boldsymbol{x}\|\boldsymbol{y}_t\right)=R\left(\boldsymbol{x}\right)-R\left(\boldsymbol{y}_t\right)-\left(\nabla R\left(\boldsymbol{y}_t\right)\right)^{\mathrm{T}}\left(\boldsymbol{x}-\boldsymbol{y}_t\right)$$

$$=R\left(\boldsymbol{x}\right)-R\left(\boldsymbol{y}_t\right)+\eta\sum_{s=1}^{t-1}\nabla_s^{\mathrm{T}}\left(\boldsymbol{x}-\boldsymbol{y}_t\right)$$

由于 $R\left(\boldsymbol{y}_t\right)$ 和 $\sum_{s=1}^{t-1}\nabla_s^{\mathrm{T}}\boldsymbol{y}_t$ 与 $\boldsymbol{x}$ 无关, 可得 $B_R\left(\boldsymbol{x}\|\boldsymbol{y}_t\right)$ 在点 $\boldsymbol{x}$ 处取得极小值, 并在 $\mathcal{K}$ 上使得 $R\left(\boldsymbol{x}\right)+\eta\sum_{s=1}^{t-1}\nabla_s^{\mathrm{T}}\boldsymbol{x}$ 达到极小值, 因此, 它意味着

$$\underset{\boldsymbol{x}\in\mathcal{K}}{\arg\min}\, B_R\left(\boldsymbol{x}\|\boldsymbol{y}_t\right)=\underset{\boldsymbol{x}\in\mathcal{K}}{\arg\min}\left\{\sum_{s=1}^{t-1}\nabla_s^{\mathrm{T}}\boldsymbol{x}+\frac{1}{\eta}R\left(\boldsymbol{x}\right)\right\}$$

$\square$

5.3.2   镜像下降的遗憾界

本小节证明敏捷型的 RFTL 算法的界. 这一分析与迟缓型算法的分析非常不同, 并受到了特别的关注.

定理 5.6 对每一个 $u \in \mathcal{K}$, RFTL 算法 11 可以达到如下的遗憾界:

$$遗憾_T \leqslant \frac{\eta}{4} \sum_{t=1}^{T} \|\nabla_t\|_t^{*2} + \frac{R(u) - R(x_1)}{2\eta}$$

如果局部范数的一个上界是知道的, 即对所有时间 t, 有 $\|\nabla_t\|_t^* \leqslant G_R$, 则可进一步优化 η 的选择以得到

$$遗憾_T \leqslant D_R G_R \sqrt{T}$$

证明 由于对任意 $x^\star \in \mathcal{K}$, 函数 f_t 为凸函数,

$$f_t(x_t) - f_t(x^\star) \leqslant \nabla f_t(x_t)^{\mathrm{T}}(x_t - x^\star)$$

由 Bregman 散度的定义可得如下的性质: 对任意向量 x, y 和 z,

$$(x - y)^{\mathrm{T}}(\nabla R(z) - \nabla R(y)) = B_R(x\|y) - B_R(x\|z) + B_R(y\|z)$$

将观察结果组合后可得,

$$
\begin{aligned}
2(f_t(x_t) - f_t(x^\star)) &\leqslant 2\nabla f_t(x_t)^{\mathrm{T}}(x_t - x^\star) \\
&= \frac{1}{\eta}(\nabla R(y_{t+1}) - \nabla R(x_t))^{\mathrm{T}}(x^\star - x_t) \\
&= \frac{1}{\eta}[B_R(x^\star\|x_t) - B_R(x^\star\|y_{t+1}) + B_R(x_t\|y_{t+1})] \\
&\leqslant \frac{1}{\eta}[B_R(x^\star\|x_t) - B_R(x^\star\|x_{t+1}) + B_R(x_t\|y_{t+1})]
\end{aligned}
$$

其中, 最后一个不等式由广义 Pythagorean 定理得到, x_{t+1} 为 y_{t+1} 在 Bregman 散度意义下的投影, $x^\star \in \mathcal{K}$ 为凸集中的点. 将上述结果对所有迭代相加, 就

得到

$$2遗憾_T \leqslant \frac{1}{\eta}\left[B_R\left(\boldsymbol{x}^\star\|\boldsymbol{x}_1\right) - B_R\left(\boldsymbol{x}^\star\|\boldsymbol{x}_T\right)\right] + \sum_{t=1}^{T}\frac{1}{\eta}B_R\left(\boldsymbol{x}_t\|\boldsymbol{y}_{t+1}\right)$$

$$\leqslant \frac{1}{\eta}D_R^2 + \sum_{t=1}^{T}\frac{1}{\eta}B_R\left(\boldsymbol{x}_t\|\boldsymbol{y}_{t+1}\right) \tag{5.3}$$

下面求 $B_R\left(\boldsymbol{x}_t\|\boldsymbol{y}_{t+1}\right)$ 的界. 由 Bregman 散度的定义及广义 Cauchy-Schwartz 不等式,

$$B_R\left(\boldsymbol{x}_t\|\boldsymbol{y}_{t+1}\right) + B_R\left(\boldsymbol{y}_{t+1}\|\boldsymbol{x}_t\right) = \left(\nabla R\left(\boldsymbol{x}_t\right) - \nabla R\left(\boldsymbol{y}_{t+1}\right)\right)^{\mathrm{T}}\left(\boldsymbol{x}_t - \boldsymbol{y}_{t+1}\right)$$

$$= \eta\nabla f_t(\boldsymbol{x}_t)^{\mathrm{T}}\left(\boldsymbol{x}_t - \boldsymbol{y}_{t+1}\right)$$

$$\leqslant \eta\left\|\nabla f_t\left(\boldsymbol{x}_t\right)\right\|_t^* \left\|\boldsymbol{x}_t - \boldsymbol{y}_{t+1}\right\|_t$$

$$\leqslant \frac{1}{2}\eta^2 G_R^2 + \frac{1}{2}\left\|\boldsymbol{x}_t - \boldsymbol{y}_{t+1}\right\|_t^2$$

其中最后一个不等式使用了 $(a-b)^2 \geqslant 0$. 因此, 有

$$B_R\left(\boldsymbol{x}_t\|\boldsymbol{y}_{t+1}\right) \leqslant \frac{1}{2}\eta^2 G_R^2 + \frac{1}{2}\left\|\boldsymbol{x}_t - \boldsymbol{y}_{t+1}\right\|_t^2 - B_R\left(\boldsymbol{y}_{t+1}\|\boldsymbol{x}_t\right) = \frac{1}{2}\eta^2 G_R^2$$

代回方程 (5.3), 并根据 Bregman 散度的非负性, 取 $\eta = \dfrac{D_R}{2\sqrt{T}G_R}$, 即可得到

$$遗憾_T \leqslant \frac{1}{2}\left[\frac{1}{\eta}D_R^2 + \frac{1}{2}\eta T G_R^2\right] \leqslant D_R G_R\sqrt{T}$$

$\square$

5.4　应用及特殊情形

本节将展示正则技术的推广: 证明如何导出两个最为重要且著名的由 RFTL 元算法推广的在线算法——在线梯度下降算法和在线指数梯度算法（基于乘法更新的方法）.

RFTL 元算法的其他重要特殊形式可使用被称为矩阵范数正则化的方法导出——例如冯·诺伊曼熵函数、对数行列式函数, 以及自和谐障碍正则函数——它们将在下一章中进行具体研究.

5.4.1 在线梯度下降法的导出

为导出在线梯度下降算法, 对任意的 $\boldsymbol{x}_0 \in \mathcal{K}$, 令 $R(\boldsymbol{x}) = \frac{1}{2} \|\boldsymbol{x} - \boldsymbol{x}_0\|_2^2$. 相应于这一散度的投影就是标准的欧氏投影（参见习题 3 ）, 且 $\nabla R(\boldsymbol{x}) = \boldsymbol{x} - \boldsymbol{x}_0$. 于是, OMD 算法 11 的更新规则化为:

$$\boldsymbol{x}_t = \prod_{\mathcal{K}} (\boldsymbol{y}_t), \quad \boldsymbol{y}_t = \boldsymbol{y}_{t-1} - \eta \nabla_{t-1} \qquad \text{迟缓型}$$

$$\boldsymbol{x}_t = \prod_{\mathcal{K}} (\boldsymbol{y}_t), \quad \boldsymbol{y}_t = \boldsymbol{x}_{t-1} - \eta \nabla_{t-1} \qquad \text{敏捷型}$$

后面的算法就是 3.6 节中描述的在线梯度算法. 此外, 当 $\mathcal{K}$ 为单位球时（参见习题 4 ）, 这两种形式是等价的.

定理 5.2 给出了如下的遗憾界（其中 D_R, $\|\cdot\|_t$ 为直径和在本章开始处定义的相应于正则算子 R 的局部范数, D 为第 2 章定义的欧氏直径）

$$\text{遗憾}_T \leqslant \frac{1}{\eta} D_R^2 + 2\eta \sum_t \|\nabla_t\|_t^{*2} \leqslant \frac{1}{2\eta} D^2 + 2\eta \sum_t \|\nabla_t\|^2 \leqslant 2GD\sqrt{T}$$

其中第二个不等式成立的原因是 $R(\boldsymbol{x}) = \frac{1}{2} \|\boldsymbol{x} - \boldsymbol{x}_0\|^2$ 及局部范数 $\|\cdot\|_t$ 退化为欧氏范数.

5.4.2 乘法更新的导出

令 $R(\boldsymbol{x}) = \boldsymbol{x} \log \boldsymbol{x} = \sum_i \boldsymbol{x}_i \log \boldsymbol{x}_i$ 为负熵函数, 其中 $\log \boldsymbol{x}$ 是按照元素形式进行表示的. 则 $\nabla R(\boldsymbol{x}) = 1 + \log \boldsymbol{x}$, 且 OMD 算法的更新规则化为:

$$\boldsymbol{x}_t = \arg\min_{\boldsymbol{x} \in \mathcal{K}} B_R(\boldsymbol{x} \| \boldsymbol{y}_t), \log \boldsymbol{y}_t = \log \boldsymbol{y}_{t-1} - \eta \nabla_{t-1} \qquad \text{迟缓型}$$

$$\boldsymbol{x}_t = \operatorname*{arg\,min}_{\boldsymbol{x}\in\mathcal{K}} B_R\left(\boldsymbol{x}\|\boldsymbol{y}_t\right), \log \boldsymbol{y}_t = \log \boldsymbol{x}_{t-1} - \eta \nabla_{t-1} \qquad \text{敏捷型}$$

利用这样选择的正则化算子, 一个值得一提的特殊情形就是在 1.3 节中遇到的专家建议问题, 其中决策集 $\mathcal{K}$ 为 n 维单形 $\Delta_n = \{\boldsymbol{x}\in\mathbb{R}_+^n|\sum_i \boldsymbol{x}_i = 1\}$. 在这种特殊情形下, 相应于负熵的投影化为按 ℓ_1 范数的缩放（参见习题 5 ）, 这表明所有的更新规则可归结为同样的算法:

$$\boldsymbol{x}_{t+1}\left(i\right) = \frac{\boldsymbol{x}_t\left(i\right)\cdot \mathrm{e}^{-\eta \nabla_t(i)}}{\sum_{j=1}^n \boldsymbol{x}_t\left(j\right)\cdot \mathrm{e}^{-\eta \nabla_t(j)}}$$

它恰为第 1 章中的对冲算法！

定理 5.2 给出了如下的遗憾界:

$$\text{遗憾}_T \leqslant 2\sqrt{2D_R^2 \sum_t \|\nabla_t\|_t^{*2}}$$

若每个专家的代价为 $[0,1]$ 中的值, 可以证明

$$\|\nabla_t\|_t^* \leqslant \|\nabla_t\|_\infty \leqslant 1 = G_R$$

此外, 当 R 为负熵函数时, 可以证明, 在单形上的直径由 $D_R^2 \leqslant \log n$ 界定（参见习题）, 这就给出了下面的界:

$$\text{遗憾}_T \leqslant 2D_R G_R \sqrt{2T} \leqslant 2\sqrt{2T\log n}$$

对任意的代价范围, 可以得到算法 12 中描述的指数梯度算法.

指数梯度算法的遗憾界可由定理 5.2 的如下推论给出.

推论 5.7　在梯度被 $\|\nabla_t\|_\infty \leqslant G_\infty$ 界定, 且参数 $\eta = \sqrt{\dfrac{\log n}{2TG_\infty^2}}$ 时, 指数梯度算法遗憾的界为

$$\text{遗憾}_T \leqslant 2G_\infty\sqrt{2T\log n}$$

算法 12 指数梯度算法

1: 输入: 参数 $\eta > 0$.

2: 令 $\boldsymbol{y}_1 = \mathbf{1}$, $\boldsymbol{x}_1 = \dfrac{\boldsymbol{y}_1}{\|\boldsymbol{y}_1\|_1}$.

3: **for** $t = 1$ 到 T **do**

4:     预测 $\boldsymbol{x}_t$.

5:     考查函数 f_t, 对所有 $i \in [n]$ 更新 $\boldsymbol{y}_{t+1}(i) = \boldsymbol{y}_t(i)\,\mathrm{e}^{-\eta \nabla_t(i)}$.

6:     投影: $\boldsymbol{x}_{t+1} = \dfrac{\boldsymbol{y}_{t+1}}{\|\boldsymbol{y}_{t+1}\|_1}$

7: **end for**

5.5 随机正则化

决策稳定性与低遗憾之间的关系推动了到目前为止有关正则化的讨论. 但是, 这一稳定性在没有使用强凸正则函数时并不能达到. 另一个方法是在决策算法中引入随机性. 事实上, 在历史上看, 这一方法是优于基于强凸正则化函数的方法的 (参见文献点评).

本节首先介绍确定型的在线凸优化算法, 它是很容易通过随机化加速的. 然后, 对一个线性代价函数 OCO 的特殊情形, 给出其有效随机化算法.

健忘的对手与自适应的对手 为简单起见, 本节考虑一个稍加限定的 OCO 形式. 到目前为止, 代价函数并没有做任何形式的限定, 甚至可以依赖于在线学习算法选择的决策. 但是, 当处理随机算法时, 这一问题变得更加微妙: 代价函数能否依赖于算法自身决策的随机性? 此外, 在分析现在为一个随机变量的遗憾时, 各迭代之间的关系依赖于随机机制, 这对理解随机 OCO 算法来说提供的帮助很少. 为避免这一困难, 本节做如下的假设: 代价函数 $\{f_t\}$ 为对手在开始之前选择的, 且它不依赖于在线学习者真正做出的决策. 这种形式的 OCO 被称为显式（oblivious）设定, 以区别于自适应（adaptive）设定.

5.5.1 对凸代价函数的扰动

算法 13 中的预测值是相应于一种领袖追随算法的，该算法增加了一个可加的随机分量. 它是根据一个随机变量计算期望决策的一个确定型算法. 在由代价函数的梯度和及一个可加的随机向量构成的决策集上, 该随机变量为最小值点.

在实践中, 期望值并不需要准确求得. 估计（通过随机抽样）到一个与迭代次数线性相关的精度就足够了.

算法的输入为一个在 n 维欧氏空间中的向量（记为 $\boldsymbol{n} \in \mathbb{R}^n$）上的一个分布 $\mathcal{D}$. 对 $\sigma, L \in \mathbb{R}$, 分布 $\mathcal{D}$ 被称为相应于范数 $\|\cdot\|_a$ 为 $(\sigma, L) = (\sigma_a, L_a)$ 稳定的条件是

$$\mathop{E}_{\boldsymbol{n} \sim \mathcal{D}} [\|\boldsymbol{n}\|_a^*] = \sigma_a$$

及

$$\forall \mathbf{u}, \quad \int_{\boldsymbol{n}} |\mathcal{D}(\boldsymbol{n}) - \mathcal{D}(\boldsymbol{n} - \boldsymbol{u})| \, \mathrm{d}\boldsymbol{n} \leqslant L_a \|\boldsymbol{u}\|_a^*$$

此处 $\boldsymbol{n} \sim \mathcal{D}$ 表示依分布 $\mathcal{D}$ 抽样得到的一个向量 $\boldsymbol{n} \in \mathbb{R}^n$, $\mathcal{D}(\boldsymbol{x})$ 表示根据分布 $\mathcal{D}$ 给出的有关 $\boldsymbol{x}$ 的测度. 若不会在上下文中引起混淆, 下标 a 将被忽略.

第一个参数 σ 为与 $\mathcal{D}$ 相关的方差, 第二个参数 L 为对分布敏感性的一个度量 ⊖. 例如, 当 $\mathcal{D}$ 为超立方体 $[0,1]^n$ 上的均匀分布时, 对欧氏范数, 下式成立

⊖   在布尔函数的调和分析中, 类似的量称为 "平均敏感度".

（参见习题）:

$$\sigma_2 \leqslant \sqrt{n}, \qquad L_2 \leqslant 1$$

再次使用前面各章中的记号, 记 $D = D_a$ 为集合 $\mathcal{K}$ 相应于范数 $\|\cdot\|_a$ 的直径, $D^* = D_a^*$ 为相应于其对偶范数的直径. 类似地, 令 $G = G_a$ 和 $G^* = G_a^*$ 分别为梯度在范数（和对偶范数）的上界.

算法 13 凸代价函数的扰动领袖追随（Follow-the-Perturbed-Leader, FPL）算法

1: 输入: 参数 $\eta > 0$, 在 $\mathbb{R}^n$ 上的分布 $\mathcal{D}$, 决策集 $\mathcal{K} \subseteq \mathbb{R}^n$.

2: 令 $\boldsymbol{x}_1 \in \mathcal{K}$ 为任意向量.

3: **for** $t = 1$ 到 T **do**

4: 　　预测 $\boldsymbol{x}_t$.

5: 　　考查代价函数 f_t, 计算代价 $f_t(\boldsymbol{x}_t)$ 并令 $\nabla_t = \nabla f_t(\boldsymbol{x}_t)$.

6: 　　更新

$$\boldsymbol{x}_{t+1} = \operatorname*{E}_{\boldsymbol{n} \sim \mathcal{D}} \left[\operatorname*{arg\,min}_{\boldsymbol{x} \in \mathcal{K}} \left\{ \eta \sum_{s=1}^{t} \nabla_s^{\mathrm{T}} \boldsymbol{x} + \boldsymbol{n}^{\mathrm{T}} \boldsymbol{x} \right\} \right] \tag{5.4}$$

7: **end for**

定理 5.8 令分布 $\mathcal{D}$ 相应于范数 $\|\cdot\|_a$ 为 (σ, L) 稳定的. FPL 算法可得如下的遗憾界:

$$遗憾_T \leqslant \eta D G^{*2} L T + \frac{1}{\eta} \sigma D$$

进一步可以通过优化 η 的选择得到

$$\text{遗憾}_T \leqslant 2LDG^*\sqrt{\sigma T}$$

证明 定义随机函数 g_0:

$$g_0(\boldsymbol{x}) \triangleq \frac{1}{\eta}\boldsymbol{n}^{\mathrm{T}}\boldsymbol{x}$$

将引理 5.4 应用于函数 $\left\{g_t(\boldsymbol{x}) = \nabla_t^{\mathrm{T}}\boldsymbol{x}\right\}$ 可得

$$E\left[\sum_{t=0}^{T}g_t(\boldsymbol{u})\right] \geqslant E\left[\sum_{t=0}^{T}g_t(\boldsymbol{x}_{t+1})\right]$$

因此,

$$\sum_{t=1}^{T}\nabla_t(\boldsymbol{x}_t - \boldsymbol{x}^\star)$$

$$= \sum_{t=1}^{T}g_t(\boldsymbol{x}_t) - \sum_{t=1}^{T}g_t(\boldsymbol{x}^\star)$$

$$\leqslant \sum_{t=1}^{T}g_t(\boldsymbol{x}_t) - \sum_{t=1}^{T}g_t(\boldsymbol{x}_{t+1}) + E\left[g_0(\boldsymbol{x}^\star) - g_0(\boldsymbol{x}_1)\right]$$

$$\leqslant \sum_{t=1}^{T}\nabla_t(\boldsymbol{x}_t - \boldsymbol{x}_{t+1}) + \frac{1}{\eta}E\left[\|\boldsymbol{n}\|^* \|\boldsymbol{x}^\star - \boldsymbol{x}_1\|\right] \qquad \text{Cauchy-Schwartz}$$

$$\leqslant \sum_{t=1}^{T}\nabla_t(\boldsymbol{x}_t - \boldsymbol{x}_{t+1}) + \frac{1}{\eta}\sigma D$$

故

$$\sum_{t=1}^{T}f_t(\boldsymbol{x}_t) - \sum_{t=1}^{T}f_t(\boldsymbol{x}^\star)$$

$$\leqslant \sum_{t=1}^{T}\nabla_t^{\mathrm{T}}(\boldsymbol{x}_t - \boldsymbol{x}^\star)$$

$$\leqslant \sum_{t=1}^{T} \nabla_t^{\mathrm{T}} (\boldsymbol{x}_t - \boldsymbol{x}_{t+1}) + \frac{1}{\eta}\sigma D \qquad \text{上面的不等式}$$

$$\leqslant G^* \sum_{t=1}^{T} \|\boldsymbol{x}_t - \boldsymbol{x}_{t+1}\| + \frac{1}{\eta}\sigma D \qquad \text{Cauchy-Schwartz} \qquad (5.5)$$

现在证明 $\|\boldsymbol{x}_t - \boldsymbol{x}_{t+1}\| = O(\eta)$. 令

$$h_t(\boldsymbol{n}) = \arg\min_{\boldsymbol{x}\in\mathcal{K}} \left\{ \eta \sum_{s=1}^{t-1} \nabla_s^{\mathrm{T}} \boldsymbol{x} + \boldsymbol{n}^{\mathrm{T}} \boldsymbol{x} \right\}$$

则有 $\boldsymbol{x}_t = E_{\boldsymbol{n}\sim\mathcal{D}}[h_t(\boldsymbol{n})]$. 回顾 $\mathcal{D}(\boldsymbol{n})$ 表示 $\boldsymbol{n}\in\mathbb{R}^n$ 相应于 $\mathcal{D}$ 的测度, 可记

$$\boldsymbol{x}_t = \int_{\boldsymbol{n}\in\mathbb{R}^n} h_t(\boldsymbol{n})\,\mathcal{D}(\boldsymbol{n})\,\mathrm{d}\boldsymbol{n}$$

及

$$\boldsymbol{x}_{t+1} = \int_{\boldsymbol{n}\in\mathbb{R}^n} h_t(\boldsymbol{n}+\eta\nabla_t)\,\mathcal{D}(\boldsymbol{n})\,\mathrm{d}\boldsymbol{n} = \int_{\boldsymbol{n}\in\mathbb{R}^n} h_t(\boldsymbol{n})\,\mathcal{D}(\boldsymbol{n}-\eta\nabla_t)\,\mathrm{d}\boldsymbol{n}$$

注意到 $\boldsymbol{x}_t, \boldsymbol{x}_{t+1}$ 可能相互依赖. 但是, 根据表达式的线性性, 有

$$\|\boldsymbol{x}_t - \boldsymbol{x}_{t+1}\|$$

$$= \left\| \int_{\boldsymbol{n}\in\mathbb{R}^n} (h_t(\boldsymbol{n}) - h_t(\boldsymbol{n}+\eta\nabla_t))\,\mathcal{D}(\boldsymbol{n})\,\mathrm{d}\boldsymbol{n} \right\|$$

$$= \left\| \int_{\boldsymbol{n}\in\mathbb{R}^n} h_t(\boldsymbol{n}) (\mathcal{D}(\boldsymbol{n}) - \mathcal{D}(\boldsymbol{n}-\eta\nabla_t))\,\mathrm{d}\boldsymbol{n} \right\|$$

$$= \left\| \int_{\boldsymbol{n}\in\mathbb{R}^n} (h_t(\boldsymbol{n}) - h_t(\boldsymbol{0})) (\mathcal{D}(\boldsymbol{n}) - \mathcal{D}(\boldsymbol{n}-\eta\nabla_t))\,\mathrm{d}\boldsymbol{n} \right\|$$

$$\leqslant \int_{\boldsymbol{n} \in \mathbb{R}^n} \| h_t(\boldsymbol{n}) - h_t(\boldsymbol{0}) \| \, | \mathcal{D}(\boldsymbol{n}) - \mathcal{D}(\boldsymbol{n} - \eta \nabla_t)| \, \mathrm{d}\boldsymbol{n}$$

$$\leqslant D \int_{\boldsymbol{n} \in \mathbb{R}^n} | \mathcal{D}(\boldsymbol{n}) - \mathcal{D}(\boldsymbol{n} - \eta \nabla_t)| \, \mathrm{d}\boldsymbol{n} \qquad \qquad \| \boldsymbol{x}_t - h_t(\boldsymbol{0}) \| \leqslant D$$

$$\leqslant DL \cdot \eta \| \nabla_t \|^* \leqslant \eta DLG^* \qquad \qquad \mathcal{D} \text{ 为 } (\sigma, L) \text{ 稳定的}$$

将这一个界代回式 (5.5), 可得

$$\sum_{t=1}^T f_t(\boldsymbol{x}_t) - \sum_{t=1}^T f_t(\boldsymbol{x}^\star) \leqslant \eta LDG^{*2}T + \frac{1}{\eta}\sigma D \qquad \qquad \square$$

当 $\mathcal{D}$ 为单位超立方体 $[0,1]^n$ 上的均匀分布时, 对参数为 $\sigma_2 \leqslant \sqrt{n}$ 及 $L_2 \leqslant 1$ 的欧氏范数, 最优的 η 选择给出了一个遗憾界 $DGn^{1/4}\sqrt{T}$. 这一结果比定理 3.1 中给出的在线梯度下降法遗憾界差了一个因子 $n^{1/4}$. 对特定的决策集 $\mathcal{K}$, 更好地选择分布 $\mathcal{D}$ 将得到近优的遗憾界.

5.5.2　对线性代价函数的扰动

在研究随机正则化时, 线性代价函数 $f_t(\boldsymbol{x}) = \boldsymbol{g}_t^\mathrm{T} \boldsymbol{x}$ 引起了特别的关注. 记

$$w_t(\boldsymbol{n}) = \underset{\boldsymbol{x} \in \mathcal{K}}{\arg\min} \left\{ \eta \sum_{s=1}^t \boldsymbol{g}_s^\mathrm{T} \boldsymbol{x} + \boldsymbol{n}^\mathrm{T} \boldsymbol{x} \right\}$$

由表达式的线性性, 有

$$f_t(\boldsymbol{x}_t) = f_t\left(\underset{\boldsymbol{n} \sim \mathcal{D}}{E}[w_t(\boldsymbol{n})] \right) = \underset{\boldsymbol{n} \sim \mathcal{D}}{E}[f_t(w_t(\boldsymbol{n}))]$$

因此, 如算法 14 所示, 不需要准确计算 $\boldsymbol{x}_t$, 只需抽样得到一个样本 $\boldsymbol{n}_0 \sim \mathcal{D}$, 并用它计算 $\hat{\boldsymbol{x}}_t = w_t(\boldsymbol{n}_0)$.

算法 14 使用线性代价函数的 FPL 算法

1: 输入: $\eta > 0$, 在 $\mathbb{R}^n$ 上的分布 $\mathcal{D}$, 决策集 $\mathcal{K} \subseteq \mathbb{R}^n$.

2: 抽取样本 $\boldsymbol{n}_0 \sim \mathcal{D}$. 令 $\widehat{\boldsymbol{x}}_1 \in \arg\min_{\boldsymbol{x} \in \mathcal{K}} \{ -\boldsymbol{n}_0^{\mathrm{T}} \boldsymbol{x} \}$.

3: **for** $t = 1$ 到 T **do**

4:     预测 $\widehat{\boldsymbol{x}}_t$.

5:     考查线性代价函数, 计算代价 $\boldsymbol{g}_t^{\mathrm{T}} \boldsymbol{x}_t$.

6:     更新

$$\widehat{\boldsymbol{x}}_t = \arg\min_{\boldsymbol{x} \in \mathcal{K}} \left\{ \eta \sum_{s=1}^{t-1} \boldsymbol{g}_s^{\mathrm{T}} \boldsymbol{x} + \boldsymbol{n}_0^{\mathrm{T}} \boldsymbol{x} \right\}$$

7: **end for**

根据上面的讨论, 随机变量 $\widehat{\boldsymbol{x}}_t$ 遗憾的期望与 $\boldsymbol{x}_t$ 的遗憾相同. 由此得到如下的推论:

推论 5.9

$$\mathop{E}_{\boldsymbol{n}_0 \sim \mathcal{D}} \left[\sum_{t=1}^{T} f_t(\widehat{\boldsymbol{x}}_t) - \sum_{t=1}^{T} f_t(\boldsymbol{x}^\star) \right] \leqslant \eta L D G^{*2} T + \frac{1}{\eta} \sigma D$$

这一算法主要具有计算上的优势: 使用了决策集合 $\mathcal{K}$ (它甚至不需要是凸的!) 上的一个线性优化步, 就达到了近优的遗憾界期望.

5.5.3 专家建议中的扰动领袖追随算法

一个有趣的特殊情形 (事实上也是在做出决策时首次使用扰动的情形) 是定义在 n 维单位单形上的非负代价函数的界为 1, 或在第 1 章中讨论的专家建议预测问题.

将算法 14 应用于指数型分布的概率单形被称为由专家建议法给出的扰动领袖追随法. 该方法在算法 15 中给出.

算法 15 由专家建议进行预测的 FPL 算法

1: 输入: $\eta > 0$

2: 抽取 n 个指数型分布的随机变量 $\boldsymbol{n}(i) \sim \mathrm{e}^{-\eta x}$.

3: 令 $\boldsymbol{x}_1 = \arg\min_{e_i \in \Delta_n} \{-\boldsymbol{e}_i^{\mathrm{T}} \boldsymbol{x}\}$.

4: **for** $t = 1$ 到 T **do**

5: 　　用专家 i_t 预测, 使得 $\widehat{\boldsymbol{x}}_t = \boldsymbol{e}_{i_t}$.

6: 　　考查代价向量并计算代价 $\boldsymbol{g}_t^{\mathrm{T}} \widehat{\boldsymbol{x}}_t = \boldsymbol{g}_t(i_t)$.

7: 　　更新（不失一般性, 令 $\widehat{\boldsymbol{x}}_{t+1}$ 为一个顶点）

$$\widehat{\boldsymbol{x}}_{t+1} = \arg\min_{\boldsymbol{x} \in \Delta_n} \left\{ \sum_{s=1}^{t} \boldsymbol{g}_s^{\mathrm{T}} \boldsymbol{x} - \boldsymbol{n}^{\mathrm{T}} \boldsymbol{x} \right\}$$

8: **end for**

注意, 选择的扰动服从单边负指数分布, 即 $\boldsymbol{n}(i) \sim \mathrm{e}^{-\eta x}$, 或更准确地说是

$$\Pr[\boldsymbol{n}(i) \leqslant x] = 1 - \mathrm{e}^{-\eta x} \qquad \forall x \geqslant 0$$

推论 5.9 给出了此种情形的一个次优遗憾界, 故此处给出另外一个分析, 它可以使用下面的定理得到至多相差常数的紧界.

定理 5.10 算法 15 输出了一系列预测值 $\widehat{\boldsymbol{x}}_1, \cdots, \widehat{\boldsymbol{x}}_T \in \Delta_n$, 使得:

$$(1 - \eta) E \left[\sum_t \boldsymbol{g}_t^{\mathrm{T}} \widehat{\boldsymbol{x}}_t \right] \leqslant \min_{\boldsymbol{x}^\star \in \Delta_n} \sum_t \boldsymbol{g}_t^{\mathrm{T}} \boldsymbol{x}^\star + \frac{4 \log n}{\eta}$$

注意到作为上面定理的一个特殊情形, 令 $\eta = \sqrt{\dfrac{\log n}{T}}$ 可得到遗憾界为

$$\text{遗憾}_T = O \left(\sqrt{T \log n} \right)$$

它在相差一个常数因子的意义下, 与定理 1.5 中保证的对冲算法遗憾界等价.

证明　使用与本章开始时相同的分析技巧: 令 $\boldsymbol{g}_0 = -\boldsymbol{n}$. 将引理 5.4 应用于函数 $\{ f_t(\boldsymbol{x}) = \boldsymbol{g}_t^{\mathrm{T}} \boldsymbol{x} \}$ 可得

$$E \left[\sum_{t=0}^{T} \boldsymbol{g}_t^{\mathrm{T}} \boldsymbol{u} \right] \geqslant E \left[\sum_{t=0}^{T} \boldsymbol{g}_t^{\mathrm{T}} \widehat{\boldsymbol{x}}_{t+1} \right]$$

因此

$$
\begin{aligned}
E \left[\sum_{t=1}^{T} \boldsymbol{g}_t^{\mathrm{T}} (\widehat{\boldsymbol{x}}_t - \boldsymbol{x}^\star) \right] &\leqslant E \left[\sum_{t=1}^{T} \boldsymbol{g}_t^{\mathrm{T}} (\widehat{\boldsymbol{x}}_t - \widehat{\boldsymbol{x}}_{t+1}) \right] + E \left[\boldsymbol{g}_0^{\mathrm{T}} (\boldsymbol{x}^\star - \boldsymbol{x}_1) \right] \\
&\leqslant E \left[\sum_{t=1}^{T} \boldsymbol{g}_t^{\mathrm{T}} (\widehat{\boldsymbol{x}}_t - \widehat{\boldsymbol{x}}_{t+1}) \right] + E \left[\| \boldsymbol{n} \|_\infty \| \boldsymbol{x}^\star - \boldsymbol{x}_1 \|_1 \right] \\
&\leqslant \sum_{t=1}^{T} E \left[\boldsymbol{g}_t^{\mathrm{T}} (\widehat{\boldsymbol{x}}_t - \widehat{\boldsymbol{x}}_{t+1}) \big| \widehat{\boldsymbol{x}}_t \right] + \frac{4}{\eta} \log n \qquad (5.6)
\end{aligned}
$$

其中第二个不等式利用了广义的 Cauchy-Schwartz 不等式, 最后一个不等式成立的原因是（参见习题）

$$\mathop{E}_{\boldsymbol{n} \sim \mathcal{D}} [\| \boldsymbol{n} \|_\infty] \leqslant \frac{2 \log n}{\eta}$$

下面求 $E \left[\boldsymbol{g}_t^{\mathrm{T}} (\widehat{\boldsymbol{x}}_t - \widehat{\boldsymbol{x}}_{t+1}) \big| \widehat{\boldsymbol{x}}_t \right]$, 它通常是被 $\widehat{\boldsymbol{x}}_t$ 不等于 $\widehat{\boldsymbol{x}}_{t+1}$ 的概率乘以 $\boldsymbol{g}_t$ 的最大值（即其 ℓ_∞ 范数）所界定的:

$$E\left[\boldsymbol{g}_t^{\mathrm{T}}\left(\widehat{\boldsymbol{x}}_t - \widehat{\boldsymbol{x}}_{t+1}\right)\big|\,\widehat{\boldsymbol{x}}_t\right] \leqslant \|\boldsymbol{g}_t\|_\infty \cdot \Pr\left[\widehat{\boldsymbol{x}}_t \neq \widehat{\boldsymbol{x}}_{t+1}\big|\,\widehat{\boldsymbol{x}}_t\right] \leqslant \Pr\left[\widehat{\boldsymbol{x}}_t \neq \widehat{\boldsymbol{x}}_{t+1}\big|\,\widehat{\boldsymbol{x}}_t\right]$$

上式中利用代价函数的界为 1 的假设得到 $\|\boldsymbol{g}_t\|_\infty \leqslant 1$.

为求得后面的界, 注意到 $\widehat{\boldsymbol{x}}_t = \boldsymbol{e}_{i_t}$ 在时刻 t 是领袖的概率就是对某些依赖于到目前为止整个代价序列的数值 v, 使得 $-\boldsymbol{n}\,(i_t) > v$ 的概率. 另一方面, 对给定的 $\widehat{\boldsymbol{x}}_t$, 如果 $-\boldsymbol{n}\,(i_t) > v + \boldsymbol{g}_t\,(i_t)$, 则 $\widehat{\boldsymbol{x}}_{t+1} = \widehat{\boldsymbol{x}}_t$ 仍然为领袖, 因为它作为领袖的余地超过了它需要的代价. 因此,

$$\begin{aligned}
\Pr\left[\widehat{\boldsymbol{x}}_t \neq \widehat{\boldsymbol{x}}_{t+1}\big|\,\widehat{\boldsymbol{x}}_t\right] &= 1 - \Pr\left[-\boldsymbol{n}\,(i_t) > v + \boldsymbol{g}_t\,(i_t)\big|\,-\boldsymbol{n}\,(i_t) > v\right] \\
&= 1 - \frac{\displaystyle\int_{v+\boldsymbol{g}_t(i_t)}^\infty \eta \mathrm{e}^{-\eta x}\mathrm{d}x}{\displaystyle\int_v^\infty \eta \mathrm{e}^{-\eta x}\mathrm{d}x} \\
&= 1 - \mathrm{e}^{-\eta \boldsymbol{g}_t(i_t)} \\
&\leqslant \eta \boldsymbol{g}_t\,(i_t) = \eta \boldsymbol{g}_t^{\mathrm{T}}\widehat{\boldsymbol{x}}_t
\end{aligned}$$

将这一界代回式 (5.6) 有

$$E\left[\sum_{t=1}^T \boldsymbol{g}_t^{\mathrm{T}}\left(\widehat{\boldsymbol{x}}_t - \boldsymbol{x}^\star\right)\right] \leqslant \eta \sum_t E_t\left[\boldsymbol{g}_t^{\mathrm{T}}\widehat{\boldsymbol{x}}_t\right] + \frac{4\log n}{\eta}$$

将其化简后, 就得到了定理的结论. □

5.6 最优正则化（选学）

到目前为止, 正则化都是作为推导在线凸优化算法而引入的一个一般方法. 本章中的主要定理（定理 5.2）给出了对任意强凸正则化算子, RFTL 算法的遗

憾界为

$$\text{遗憾}_T \leqslant \max_{\boldsymbol{u} \in \mathcal{K}} \sqrt{2 \sum_t \|\nabla_t\|_t^{*2} B_R(\boldsymbol{u}\|\boldsymbol{x}_1)}$$

此外, 已经看到如何导出在线梯度下降法和作为 RFTL 方法特殊情形的乘法权重算法. 但除了这两个基本算法外, 是否有其他有意思且需要这样全面和抽象处理的特殊情形呢?

除了欧氏和熵正则化方法及它们的矩阵形式外, 确实有几个惊人的有趣的例子 ⊖. 但在本章中将给出一些对抽象正则化处理的调整.

做这些处理的原因是: 到目前为止, R 都被假设为一个强凸函数. 但需要选择什么样的强凸函数来最小化遗憾呢? 这是一个深入且困难的问题, 它在早期开发优化方法的文献中就被考虑过了. 自然地, 最优的正则化应当同时依赖于凸基本决策集合与真正的代价函数 (有关依赖于凸决策集的正则化函数的一个自然选择, 请参见习题).

在本书中, 应当将这一问题与其他优化问题一样处理: 应当学习在线的正则化问题! 也即能够适应一个代价函数序列的正则化算子, 且在事后看来它在某种意义上是 "最优" 的正则化算子.

更为正式地, 考虑所有强凸正则函数的集合, 它们的黑塞矩阵在下述集合中有着固定的上界:

$$\forall \boldsymbol{x} \in \mathcal{K}. \quad \nabla^2 R(\boldsymbol{x}) = \nabla^2 \in \mathcal{H} \triangleq \left\{ X \in \mathbb{R}^{n \times n}; \operatorname{Tr}(X) \leqslant 1, X \succeq 0 \right\}$$

集合 $\mathcal{H}$ 是一类受限的正则化函数 (它并不包含熵的正则化). 但是, 这个类又足够一般, 可以捕获到在线梯度下降沿着任何欧氏正则化函数的旋转.

⊖ 其中一个例子是自和谐障碍函数正则化, 它将在下一章中进行研究.

算法 16 AdaGrad

1: 输入: 参数 η, $\boldsymbol{x}_1 \in \mathcal{K}$.

2: 初始化: $S_0 = G_0 = \boldsymbol{0}$,

3: **for** $t = 1$ 到 T **do**

4:　　　预测 $\boldsymbol{x}_t$, 计算代价函数 $f_t(\boldsymbol{x}_t)$.

5:　　　更新

$$S_t = S_{t-1} + \nabla_t \nabla_t^{\mathrm{T}}, \quad G_t = S_t^{1/2}$$

$$\boldsymbol{y}_{t+1} = \boldsymbol{x}_t - \eta G_t^{-1} \nabla_t$$

$$\boldsymbol{x}_{t+1} = \arg\min_{\boldsymbol{x} \in \mathcal{K}} \|\boldsymbol{y}_{t+1} - \boldsymbol{x}\|_{G_t}^2$$

6: **end for**

学习最优正则化方法的问题是由算法 16 给出的, 该算法被称为 AdaGrad (自适应次梯度方法) 算法. 在算法的定义和本章内容中, 符号 A^{-1} 指的是矩阵 A 的 Moore-Penrose 伪逆. 也许令人吃惊, AdaGrad 算法的遗憾比使用属于类 $\mathcal{H}$, 黑塞矩阵固定的正则函数的所有 RFTL 算法的最小遗憾界至多就大一个常数因子. AdaGrad 的遗憾界在下面的定理中形式化地给出.

定理 5.11　令 $\{\boldsymbol{x}_t\}$ 为算法 16 在参数 $\eta = D$ 时定义的序列, 其中

$$D = \max_{\boldsymbol{u} \in \mathcal{K}} \|\boldsymbol{u} - \boldsymbol{x}_1\|_2$$

则对任意 $\boldsymbol{x}^\star \in \mathcal{K}$,

$$遗憾_T(\text{AdaGrad}) \leqslant 2D \sqrt{\min_{H \in \mathcal{H}} \sum \|\nabla_t\|_H^{*2}} \tag{5.7}$$

在证明这一定理之前请注意, 它兑现了一个承诺: 在忽略直径 D 和维数的情形下, 与定理 5.2 中给出的界相比较, 其遗憾界与使用该类正则化函数的 RFTL 遗憾界是相同的.

下面证明定理 5.11. 首先, 给出一个结构化的结果, 它显式地将最优正则化表示为一个代价函数梯度的函数. 它的一个证明参见习题.

命题 5.12 令 $A \succcurlyeq 0$. 下列最小化问题:

$$\min_{X} \operatorname{Tr}\left(X^{-1}A\right)$$

$$\text{使得 } X \succcurlyeq 0$$

$$\operatorname{Tr}(X) \leqslant 1$$

的极小值为 $X = A^{1/2}/\operatorname{Tr}\left(A^{1/2}\right)$, 且目标函数的极小值为 $\operatorname{Tr}^2\left(A^{1/2}\right)$.

这一命题的一个直接推论是:

推论 5.13

$$\sqrt{\min_{H \in \mathcal{H}} \sum_t \|\nabla_t\|_H^{*2}} = \sqrt{\min_{H \in \mathcal{H}} \operatorname{Tr}\left(H^{-1} \sum_t \nabla_t \nabla_t^{\mathrm{T}}\right)}$$

$$= \operatorname{Tr}\sqrt{\sum_t \nabla_t \nabla_t^{\mathrm{T}}} = \operatorname{Tr}(G_T)$$

因此, 为证明定理 5.11 , 只需证明下面的引理.

引理 5.14

$$遗憾_T (\text{AdaGrad}) \leqslant 2D\operatorname{Tr}(G_T) = 2D\sqrt{\min_{H \in \mathcal{H}} \sum_t \|\nabla_t\|_H^{*2}}$$

证明　由 $\boldsymbol{y}_{t+1}$ 的定义：

$$\boldsymbol{y}_{t+1} - \boldsymbol{x}^\star = \boldsymbol{x}_t - \boldsymbol{x}^\star - \eta G_t^{-1} \nabla_t \tag{5.8}$$

且

$$G_t \left(\boldsymbol{y}_{t+1} - \boldsymbol{x}^\star \right) = G_t \left(\boldsymbol{x}_t - \boldsymbol{x}^\star \right) - \eta \nabla_t \tag{5.9}$$

将式 (5.8) 的转置乘以式 (5.9) 就得到

$$
\begin{aligned}
&\left(\boldsymbol{y}_{t+1} - \boldsymbol{x}^\star \right)^{\mathrm{T}} G_t \left(\boldsymbol{y}_{t+1} - \boldsymbol{x}^\star \right) \\
&= \left(\boldsymbol{x}_t - \boldsymbol{x}^\star \right)^{\mathrm{T}} G_t \left(\boldsymbol{x}_t - \boldsymbol{x}^\star \right) - 2\eta \nabla_t^{\mathrm{T}} \left(\boldsymbol{x}_t - \boldsymbol{x}^\star \right) + \eta^2 \nabla_t^{\mathrm{T}} G_t^{-1} \nabla_t
\end{aligned} \tag{5.10}
$$

由于 $\boldsymbol{x}_{t+1}$ 为 $\boldsymbol{y}_{t+1}$ 在 G_t 诱导范数意义下的投影, 则有（参见 2.1.1 节）

$$\left(\boldsymbol{y}_{t+1} - \boldsymbol{x}^\star \right)^{\mathrm{T}} G_t \left(\boldsymbol{y}_{t+1} - \boldsymbol{x}^\star \right) = \left\| \boldsymbol{y}_{t+1} - \boldsymbol{x}^\star \right\|_{G_t}^2 \geqslant \left\| \boldsymbol{x}_{t+1} - \boldsymbol{x}^\star \right\|_{G_t}^2$$

这一不等式就是使用广义投影, 而不使用分析在线梯度下降法（参见方程 (3.2)）时使用的标准投影的原因. 将这一事实结合式 (5.10) 就得到了

$$\nabla_t^{\mathrm{T}} \left(\boldsymbol{x}_t - \boldsymbol{x}^\star \right) \leqslant \frac{\eta}{2} \nabla_t^{\mathrm{T}} G_t^{-1} \nabla_t + \frac{1}{2\eta} \left(\left\| \boldsymbol{x}_t - \boldsymbol{x}^\star \right\|_{G_t}^2 - \left\| \boldsymbol{x}_{t+1} - \boldsymbol{x}^\star \right\|_{G_t}^2 \right)$$

现在, 对 $t = 1$ 到 T 求和可得

$$
\begin{aligned}
\sum_{t=1}^{T} \nabla_t^{\mathrm{T}} \left(\boldsymbol{x}_t - \boldsymbol{x}^\star \right) \leqslant{} & \frac{\eta}{2} \sum_{t=1}^{T} \nabla_t^{\mathrm{T}} G_t^{-1} \nabla_t + \frac{1}{2\eta} \left\| \boldsymbol{x}_1 - \boldsymbol{x}^\star \right\|_{G_0}^2 \\
& + \frac{1}{2\eta} \sum_{t=1}^{T} \left(\left\| \boldsymbol{x}_t - \boldsymbol{x}^\star \right\|_{G_t}^2 - \left\| \boldsymbol{x}_t - \boldsymbol{x}^\star \right\|_{G_{t-1}}^2 \right) - \frac{1}{2\eta} \left\| \boldsymbol{x}_{T+1} - \boldsymbol{x}^\star \right\|_{G_T}^2
\end{aligned} \tag{5.11}
$$

$$\leqslant \frac{\eta}{2} \sum_{t=1}^{T} \nabla_t^{\mathrm{T}} G_t^{-1} \nabla_t + \frac{1}{2\eta} \sum_{t=1}^{T} \left(\boldsymbol{x}_t - \boldsymbol{x}^\star\right)^{\mathrm{T}} \left(G_t - G_{t-1}\right) \left(\boldsymbol{x}_t - \boldsymbol{x}^\star\right)$$

在最后一个不等式中, 使用了事实 $G_0 = \boldsymbol{0}$. 上式中各项的界将被逐一处理.

引理 5.15　若 S_t, G_t 在算法 16 中定义, 则

$$\sum_{t=1}^{T} \nabla_t^{\mathrm{T}} G_t^{-1} \nabla_t \leqslant 2 \sum_{t=1}^{T} \nabla_t^{\mathrm{T}} G_T^{-1} \nabla_t \leqslant 2\mathrm{Tr}\left(G_T\right)$$

证明　用数学归纳法证明引理. 其基本情形如下:

$$
\begin{aligned}
\nabla_1^{\mathrm{T}} G_1^{-1} \nabla_1 &= \mathrm{Tr}\left(G_1^{-1} \nabla_1 \nabla_1^{\mathrm{T}}\right) \\
&= \mathrm{Tr}\left(G_1^{-1} G_1^2\right) \\
&= \mathrm{Tr}\left(G_1\right)
\end{aligned}
$$

假设引理对 $T-1$ 是成立的, 根据归纳假设有

$$
\begin{aligned}
\sum_{t=1}^{T} \nabla_t^{\mathrm{T}} G_t^{-1} \nabla_t &\leqslant 2\mathrm{Tr}\left(G_{T-1}\right) + \nabla_T^{\mathrm{T}} G_T^{-1} \nabla_T \\
&= 2\mathrm{Tr}\left(\left(G_T^2 - \nabla_T \nabla_T^{\mathrm{T}}\right)^{1/2}\right) + \mathrm{Tr}\left(G_T^{-1} \nabla_T \nabla_T^{\mathrm{T}}\right) \\
&\leqslant 2\mathrm{Tr}\left(G_T\right)
\end{aligned}
$$

此处, 最后一个不等式是根据正定矩阵的不等式关系 $A \succcurlyeq B \succ 0$ 得到的 (参见习题):

$$2\mathrm{Tr}\left((A-B)^{1/2}\right) + \mathrm{Tr}\left(A^{-1/2}B\right) \leqslant 2\mathrm{Tr}\left(A^{1/2}\right) \qquad \square$$

引理 5.16

$$\sum_{t=1}^{T} (\boldsymbol{x}_t - \boldsymbol{x}^{\star})^{\mathrm{T}} (G_t - G_{t-1}) (\boldsymbol{x}_t - \boldsymbol{x}^{\star}) \leqslant D^2 \mathrm{Tr}\,(G_T)$$

证明   由定义 $S_t \succcurlyeq S_{t-1}$, 因此 $G_t \succcurlyeq G_{t-1}$. 故

$$\sum_{t=1}^{T} (\boldsymbol{x}_t - \boldsymbol{x}^{\star})^{\mathrm{T}} (G_t - G_{t-1}) (\boldsymbol{x}_t - \boldsymbol{x}^{\star})$$

$$\leqslant \sum_{t=1}^{T} D^2 \lambda_{\max} (G_t - G_{t-1})$$

$$\leqslant D^2 \sum_{t=1}^{T} \mathrm{Tr}\,(G_t - G_{t-1}) \qquad A \succcurlyeq 0 \Rightarrow \lambda_{\max}(A) \leqslant \mathrm{Tr}\,(A)$$

$$= D^2 \sum_{t=1}^{T} (\mathrm{Tr}\,(G_t) - \mathrm{Tr}\,(G_{t-1})) \qquad \text{迹的线性性}$$

$$\leqslant D^2 \mathrm{Tr}\,(G_T)$$

$\square$

将所有引理代入到方程 (5.11) 中, 得到

$$\sum_{t=1}^{T} \nabla_t^{\mathrm{T}} (\boldsymbol{x}_t - \boldsymbol{x}^{\star}) \leqslant \eta \mathrm{Tr}\,(G_T) + \frac{1}{2\eta} D^2 \mathrm{Tr}\,(G_T) \leqslant 2D \mathrm{Tr}\,(G_T)$$

$\square$

5.7   习题

1. (a) 证明: 一个由 $A \succ 0$ 定义的矩阵范数的对偶范数就是 A^{-1} 的矩阵范数.

   (b) 证明对任意范数的广义 Cauchy-Schwartz 不等式, 即

$$\langle \boldsymbol{x}, \boldsymbol{y} \rangle \leqslant \|\boldsymbol{x}\| \, \|\boldsymbol{y}\|^{*}$$

2. 证明 Bregman 散度等于在中间某点处的局部范数, 即

$$B_R\left(\boldsymbol{x}\|\boldsymbol{y}\right) = \frac{1}{2}\left\|\boldsymbol{x} - \boldsymbol{y}\right\|_{\boldsymbol{z}}^2$$

其中 $\boldsymbol{z} \in [\boldsymbol{x}, \boldsymbol{y}]$, 区间 $[\boldsymbol{x}, \boldsymbol{y}]$ 定义为

$$[\boldsymbol{x}, \boldsymbol{y}] = \{\boldsymbol{v} = \alpha\boldsymbol{x} + (1 - \alpha)\,\boldsymbol{y}, \alpha \in [0, 1]\}$$

3. 令 $R\left(\boldsymbol{x}\right) = \dfrac{1}{2}\|\boldsymbol{x} - \boldsymbol{x}_0\|^2$ 为（平移后的）欧氏正则函数. 证明其对应的 Bregman 散度为一个欧氏指标. 推导相应于这一散度的投影和标准的欧氏投影.

4. 证明敏捷型和迟缓型 OMD 元算法在欧氏正则化, 且决策集为欧氏球时是等价的.

5. 考虑决策集是 n 维单形时的问题. 令 $R\left(\boldsymbol{x}\right) = \boldsymbol{x}\log\boldsymbol{x}$ 为负熵正则函数. 证明其对应的 Bregman 散度为相对熵, 且相应于这一函数的 n 维单形半径 D_R 被 $\log n$ 界定. 证明在这一单形上相应于这一散度的投影可归结为 ℓ_1 范数的缩放.

6. 证明对单位超立方体 $[0, 1]^n$ 上的均匀分布 $\mathcal{D}$, 5.5 节中定义的参数 σ 和 L 相应于欧氏范数可被界定为 $\sigma < \sqrt{n}, L \leqslant 1$.

7. 令 $\mathcal{D}$ 为一个单边多维指数分布, 一个向量 $\boldsymbol{n} \sim \mathcal{D}$ 的每一个坐标都服从指数分布:

$$\Pr\left[\boldsymbol{n}_i \leqslant x\right] = 1 - \mathrm{e}^{-x}, \qquad \forall i \in [n]\,, x \geqslant 0$$

证明

$$\mathop{E}_{\boldsymbol{n}\sim\mathcal{D}}\left[\|\boldsymbol{n}\|_\infty\right] \leqslant 2\log n$$

（提示: 使用 Chernoff 界）

附加问题: 证明 $E_{\boldsymbol{n}\sim\mathcal{D}}\left[\|\boldsymbol{n}\|_\infty\right]=H_n$, 其中 H_n 为第 n 个调和数.

8. * 考虑一个集合 $\mathcal{K}\subseteq\mathbb{R}^d$, 如果 $\boldsymbol{x}\in\mathcal{K}$ 就必有 $-\boldsymbol{x}\in\mathcal{K}$, 则它被称为是对称的. 对称集是在定义一个范数的时候自然提出的. 函数 $\|\cdot\|_\mathcal{K}:\mathbb{R}^d\mapsto\mathbb{R}$ 定义为

$$\|\boldsymbol{x}\|_\mathcal{K}=\arg\min_{\alpha>0}\left\{\frac{1}{\alpha}\boldsymbol{x}\in\mathcal{K}\right\}$$

证明 $\|\cdot\|_\mathcal{K}$ 为一个范数的充要条件是 $\mathcal{K}$ 为凸的.

9. ** 求一个以 $\|\cdot\|_\mathcal{K}$ 为正则算子的 RFTL 算法的遗憾下界 $\Omega(T)$.

10. * 证明对正定矩阵 $A\succcurlyeq B\succ0$, 有

(a) $A^{1/2}\succcurlyeq B^{1/2}$.

(b) $2\mathrm{Tr}\left((A-B)^{1/2}\right)+\mathrm{Tr}\left(A^{-1/2}B\right)\leqslant2\mathrm{Tr}\left(A^{1/2}\right)$.

11. * 在 $A\succ0$ 时，考虑如下最小值问题:

$$\min_X\quad\mathrm{Tr}\left(X^{-1}A\right)$$
$$使得\quad X\succ0$$
$$\mathrm{Tr}\left(X\right)\leqslant1$$

证明其最小值点由 $X=A^{1/2}/\mathrm{Tr}\left(A^{1/2}\right)$ 给出, 且得到的最小值为 $\mathrm{Tr}^2\left(A^{1/2}\right)$.

5.8 文献点评

在在线学习的文献中引入正则化的做法最早在 [48] 和 [67] 中进行了研究. Kalai 和 Vempala[63] 极具影响力的文章中提出了 "领袖追随" 的术语, 同时引入

了很多在 OCO 方法中使用的技术. 后续的文章中研究了将随机扰动作为一种正则化方法的问题, 并分析了追随扰动领袖的算法, 这一思想则来源于超越有关学习研究很多年的早期研究 [49].

　　在 OCO 文献中, 术语 "追随正则化领袖" 应归功于 [99, 96], 并且几乎与此同时, [2] 中出现了一个与之等价的称为 "RFTL" 的算法. RFTL 与在线镜像下降法的等价性在 [55] 中被提出. AdaGrad 算法在 [38, 37] 中被引入, 其对角形式在 [75] 中被发现. 自适应的正则化最近受到了更多的关注, 参见 [82].

　　随机扰动和确定型正则化方法有着很强的联系. 对某些特殊的情形, 增加随机性可以认为是确定型强凸正则函数的一个特殊情况, 参见 [3, 4].

第 6 章 Bandit 凸优化

在很多真实世界的场景中, 决策者能够得到的反馈是有噪声的、部分的或不完整的. 例如在数据网络的在线路由问题中, 一个在线决策者不断地从一个已知的网络中选择一条路径, 她的代价用所选路径的长度（以时间为单位）来度量. 在数据网络中, 决策者可以测量一个数据包通过网络传输的往返时延（Round Trip Delay, RTD）, 但很难知道整个网络的拥堵模式.

另一个有用的例子是网页搜索过程中在线广告的配置问题. 决策者不断地从一个已有的池中选择一组有序的广告集合. 她的回报是用浏览者的反馈来度量的—— 如果用户点击了特定的广告, 一个回报就会根据分配给特定广告的权重产生. 在此场景中, 搜索引擎可以查看哪一个广告被点击了, 但无法知道被选择展示的其他广告是否被点击过.

上面的例子可以被模型化为 OCO 架构, 其基本集为决策的凸包. 一般 OCO 模型的困难就是其反馈. 期望决策者在博弈过程中的每一次都能够得到正确的梯度结果是不现实的.

6.1 BCO 设定

除决策者能够得到的反馈存在区别外, Bandit 凸优化（Bandit Convex Optimization, BCO）模型与前面研究的 OCO 模型是一样的.

更准确地说, BCO 架构可被看作结构化的重复博弈. 该学习架构的规则是: 在迭代步 t, 在线参与者选择 $\boldsymbol{x}_t \in \mathcal{K}$. 在做出此选择后, 一个凸的代价函数 $f_t \in \mathcal{F} : \mathcal{K} \mapsto \mathbb{R}$ 会被告知. 此处 $\mathcal{F}$ 为对手能够获得的有界代价函数的函数族. 在线参与者付出的代价为代价函数在该点上的取值 $f_t(\boldsymbol{x}_t)$. 与决策者能够得到在 $\mathcal{K}$ 上有关 f_t 的梯度查询的 OCO 模型相反, 在 BCO 中, **代价 $f_t(\boldsymbol{x}_t)$ 是在迭代 t 时, 在线参与者能够得到的唯一反馈**. 特别地, 决策者并不知道在迭代 t, 她选择一个不同的点 $\boldsymbol{x} \in \mathcal{K}$ 时的代价是什么.

如前所述, 令 T 表示博弈迭代的总次数 (即预测与支付代价的次数). 令 $\mathcal{A}$ 为 BCO 的一个算法, 它将一个特定博弈的历史映射为决策集合中的一个决策. $\mathcal{A}$ 预测 $x_1, \cdots, x_T$ 时的遗憾可形式化地定义为

$$\text{遗憾}_T(\mathcal{A}) = \sup_{\{f_1, \cdots, f_T\} \subseteq \mathcal{F}} \left\{ \sum_{t=1}^{T} f_t(\boldsymbol{x}_t) - \min_{\boldsymbol{x} \in \mathcal{K}} \sum_{t=1}^{T} f_t(\boldsymbol{x}) \right\}$$

6.2 多臂赌博机问题

存在不确定性的一个经典决策模型是多臂赌博机 (Multi-Armed Bandit, MAB) 模型. 现在, 术语 MAB 有了很多变体及子场景, 以至于问题太大而无法研究. 本节讨论的也许是最简单的一种变体—— 非随机的 MAB 问题, 其定义为:

一个决策者在 n 个不同的行动 $i_t \in \{1, 2, \cdots, n\}$ 之间不断选择, 同时, 一个对手为其每一个行动赋予一个范围在 $[0, 1]$ 之间的代价值. 决策者可以观察到行动 i_t 的代价, 除此之外什么也得不到. 决策者的目标是最小化她的遗憾.

无疑, 读者可以看到这一设定与从专家建议中进行预测的设定是相同的, 仅

有的区别是决策者能够获得的反馈: 在专家模型的设定中, 决策者可以从回溯中看到所有专家的回报或代价, 而在 MAB 的设定中, 只有真正选择的决策的代价才是已知的.

将这一问题显式地模型化为一个 BCO 问题特例是有益的. 令决策集为在 n 个行动上的所有分布的集合, 也即 $\mathcal{K} = \Delta_n$ 为一个 n 维单形. 于是, 代价函数就表示为每一个行动代价的线性函数, 即

$$f_t(\boldsymbol{x}) = \boldsymbol{\ell}_t^{\mathrm{T}} \boldsymbol{x} = \sum_{i=1}^{n} \ell_t(i)\, \boldsymbol{x}(i), \quad \forall \boldsymbol{x} \in \mathcal{K}$$

其中 $\ell_t(i)$ 为在第 t 次迭代时与第 i 个行动有关的代价. 因此, 在 BCO 模型中, 代价函数为一个线性函数.

MAB 问题展示了探索（exploration）与利用（exploitation）之间的平衡: 一个有效（低遗憾）的算法需要探索不同行动的价值以得到最好的决策. 另一方面, 在收集了有关环境的足够多的信息后, 一个合理的算法需要通过选择最好的行动利用这一行动.

得到一个 MAB 算法的最简单方法就是将探索和利用分开进行. 这一方法可以按照如下方式进行:

1. 以某种概率探索行动空间（例如, 按照均匀分布随机选择一种行动）. 根据反馈构造行动代价的一个估计.

2. 否则, 将估计结果用于一个使用全部信息的专家算法, 并假设估计的结果是真实的历史代价.

这一简单的格式已经给出了一个次线性遗憾的算法, 它在算法 17 中给出.

算法 17   简单的 MAB 算法

1: 输入: OCO 算法 $\mathcal{A}$, 参数 δ.

2: **for** $t = 1$ 到 T **do**

3:     令 b_t 为一个 Bernoulli 随机变量, 其取值为 1 的概率是 δ.

4:     **if** $b_t = 1$ **then**

5:         均匀随机地选择 $i_t \in \{1, 2, \cdots, n\}$ 并执行 i_t.

6:         令

$$
\hat{\ell}_t(i) = \begin{cases} \frac{n}{\delta} \cdot \ell_t(i_t), & i = i_t \\ 0, & \text{其他情形} \end{cases}
$$

7:         令 $\hat{f}_t(\boldsymbol{x}) = \hat{\ell}_t^{\mathrm{T}} \boldsymbol{x}$ 并更新 $\boldsymbol{x}_{t+1} = \mathcal{A}\left(\hat{f}_1, \cdots, \hat{f}_t\right)$.

8:     **else**

9:         令 $i_t \sim \boldsymbol{x}_t$, 并执行 i_t.

10:         更新 $\hat{f}_t = 0, \hat{\ell}_t = \boldsymbol{0}, \boldsymbol{x}_{t+1} = \boldsymbol{x}_t$.

11.   **end if**

12: **end for**

引理 6.1   以 $\mathcal{A}$ 为在线梯度下降算法的算法 17 保证如下的遗憾界:

$$
E\left[\sum_{t=1}^T \ell_t(i_t) - \min_i \sum_{t=1}^T \ell_t(i)\right] \leqslant O\left(T^{\frac{2}{3}} n^{\frac{2}{3}}\right)
$$

证明   对在算法 17 中定义的随机函数 $\left\{\hat{\ell}_t\right\}$, 注意到

1. $E\left[\hat{\ell}_t(i)\right] = \Pr[b_t = 1] \cdot \Pr[i_t = i | b_t = 1] \cdot \frac{n}{\delta} \ell_t(i) = \ell_t(i)$

2. $\left\| \hat{\ell}_t \right\|_2 \leqslant \dfrac{n}{\delta} \cdot |\ell_t(i_t)| \leqslant \dfrac{n}{\delta}$

因此简单算法的遗憾可以与在估计函数上 $\mathcal{A}$ 的遗憾关联.

另一方面, 简单的 MAB 算法并不总是根据 $\mathcal{A}$ 生成的分布执行: 算法以概率 δ 均匀随机地执行, 这样做可能会导致遗憾在这些探索迭代中达到 1. 令 $S_t \subseteq [T]$ 为使得 $b_t = 1$ 的迭代. 这可由下面的引理给出:

引理 6.2

$$E\left[\ell_t(i_t)\right] \leqslant E\left[\hat{\ell}_t^{\mathrm{T}} \boldsymbol{x}_t\right] + \delta$$

证明

$$E\left[\ell_t(i_t)\right]$$
$$= \Pr\left[b_t = 1\right] \cdot E\left[\ell_t(i_t)\,|\,b_t = 1\right]$$
$$\quad + \Pr\left[b_t = 0\right] \cdot E\left[\ell_t(i_t)\,|\,b_t = 0\right]$$
$$\leqslant \delta + \Pr\left[b_t = 0\right] \cdot E\left[\ell_t(i_t)\,|\,b_t = 0\right]$$
$$= \delta + (1 - \delta)\, E\left[\ell_t^{\mathrm{T}} \boldsymbol{x}_t\,|\,b_t = 0\right] \qquad b_t = 0 \to i_t \sim \boldsymbol{x}_t, \text{与 } \ell_t \text{ 独立}$$
$$\leqslant \delta + E\left[\ell_t^{\mathrm{T}} \boldsymbol{x}_t\right] \qquad \text{非负随机变量}$$
$$= \delta + E\left[\hat{\ell}_t^{\mathrm{T}} \boldsymbol{x}_t\right] \qquad \hat{\ell}_t \text{ 与 } \boldsymbol{x}_t \text{ 独立}$$

因此有,

$$E\left[\text{遗憾}_T\right]$$
$$= E\left[\sum_{t=1}^{T} \ell_t(i_t) - \sum_{t=1}^{T} \ell_t(i^\star)\right]$$
$$= E\left[\sum_{t} \ell_t(i_t) - \sum_{t} \hat{\ell}_t(i^\star)\right] \qquad i^\star \text{ 与 } \hat{\ell}_t \text{ 独立}$$

$$\leq E\left[\sum_t \hat{\ell}_t\left(\boldsymbol{x}_t\right) - \min_i \sum_t \hat{\ell}_t\left(i\right)\right] + \delta T \qquad \text{引理 6.2}$$

$$= E\left[\text{遗憾}_{S_T}\left(\mathcal{A}\right)\right] + \delta \cdot T$$

$$\leq \frac{3}{2} G D \sqrt{\delta T} + \delta \cdot T \qquad \text{定理 3.1, } E\left[|S_T|\right] = \delta T$$

$$\leq 3\frac{n}{\sqrt{\delta}} \sqrt{T} + \delta \cdot T \qquad \text{对 } \Delta_n, D \leq 2, \left\|\hat{\ell}_t\right\| \leq \frac{n}{\delta}$$

$$= O\left(T^{\frac{2}{3}} n^{\frac{2}{3}}\right) \qquad \delta = n^{\frac{2}{3}} T^{-\frac{1}{3}}$$

$\square$

EXP3: 同时进行探索与利用

可通过将探索与利用的步骤进行组合来对前一节中的简单算法加以改进. 这便给出了下面的近优遗憾算法, 称为 EXP3.

算法 18 EXP3 简化版

1: 输入: 参数 $\varepsilon > 0$. 令 $\boldsymbol{x}_1 = (1/n)\, \boldsymbol{1}$.

2: **for** $t \in \{1, 2, \cdots, T\}$ **do**

3:     选择 $i_t \sim \boldsymbol{x}_t$, 并执行 i_t.

4:     令

$$\hat{\ell}_t\left(i\right) = \begin{cases} \dfrac{1}{\boldsymbol{x}_t\left(i_t\right)} \cdot \ell_t\left(i_t\right), & i = i_t \\ 0, & \text{其他情形} \end{cases}$$

5:     更新 $\boldsymbol{y}_{t+1}\left(i\right) = \boldsymbol{x}_t\left(i\right) \mathrm{e}^{-\varepsilon \hat{\ell}_t(i)}$, $\boldsymbol{x}_{t+1} = \dfrac{\boldsymbol{y}_{t+1}}{\left\|\boldsymbol{y}_{t+1}\right\|_1}$

6: **end for**

与简单的多臂赌博机算法相反, EXP3 算法在每一次探索时总是创建一个全部代价向量的无偏估计. 这使得向量 $\hat{\ell}$ 可能较大, 且在使用在线梯度下降法时有较大的梯度界. 但是, 较大的向量出现的概率较低（与其大小成比例）, 故可以进行更为精细的分析.

极端地说, EXP3 算法得到的最坏遗憾界为 $O\left(\sqrt{Tn\log n}\right)$, 它是近优的（最多相差一个行动数量的对数项）.

引理 6.3   使用非负代价和 $\varepsilon = \sqrt{\dfrac{\log n}{Tn}}$ 的算法 18 保证如下的遗憾界:

$$E\left[\sum \ell_t\left(i_t\right) - \min_i \sum \ell_t\left(i\right)\right] \leqslant 2\sqrt{Tn\log n}$$

证明   对在算法 18 中定义的随机代价 $\left\{\hat{\ell}_t\right\}$, 注意到

$$E\left[\hat{\ell}_t\left(i\right)\right] = \Pr\left[i_t = i\right] \cdot \frac{\ell_t\left(i\right)}{\boldsymbol{x}_t\left(i\right)} = \boldsymbol{x}_t\left(i\right) \cdot \frac{\ell_t\left(i\right)}{\boldsymbol{x}_t\left(i\right)} = \ell_t\left(i\right)$$

$$E\left[\boldsymbol{x}_t^{\mathrm{T}}\hat{\ell}_t^2\right] = \sum_i \boldsymbol{x}_t(i)^2\hat{\ell}_t(i)^2 \leqslant \sum_i \ell_t(i)^2 \leqslant n \tag{6.1}$$

因此有 $E\left[\hat{f}_t\right] = f_t$, 且相对函数 $\left\{\hat{f}_t\right\}$ 的期望遗憾等于相对函数 $\{f_t\}$ 的期望遗憾. 故相对 $\hat{\ell}_t$ 的遗憾可以与相对 ℓ_t 的遗憾相互关联.

算法 EXP3 将对冲应用于由 $\hat{\ell}_t$ 给定的代价, 该代价是非负的, 故满足定理 1.5 的条件. 因此, 相对 $\hat{\ell}_t$ 的期望遗憾可被界定为

$$E\left[遗憾_T\right] = E\left[\sum_{t=1}^{T} \ell_t\left(i_t\right) - \min_i \sum_{i=1}^{T} \ell_t\left(i\right)\right]$$

$$= E\left[\sum_{t=1}^{T} \ell_t\left(i_t\right) - \sum_{t=1}^{T} \ell_t\left(i^\star\right)\right]$$

$$\leqslant E\left[\sum_{t=1}^{T} \hat{\ell}_t\left(\boldsymbol{x}_t\right) - \sum_{t=1}^{T} \hat{\ell}_t\left(i^\star\right)\right] \qquad i^\star \text{ 与 } \hat{\ell}_t \text{ 独立}$$

$$\leqslant E\left[\varepsilon \sum_{t=1}^{T}\sum_{i=1}^{n}\hat{\ell}_t(i)^2 \boldsymbol{x}_t(i) + \frac{\log n}{\varepsilon}\right] \qquad \text{定理 1.5}$$

$$\leqslant \varepsilon T n + \frac{\log n}{\varepsilon} \qquad \text{方程 (6.1)}$$

$$\leqslant 2\sqrt{Tn\log n} \qquad \text{根据 } \varepsilon \text{ 的选择}$$

□

下面推导一个在更一般的 Bandit 凸优化设定下能够达到近优遗憾的算法.

6.3 从有限信息到完整信息的归约

本节推导一个针对 Bandit 凸优化一般设定的低遗憾算法. 事实上, 应当给出一种设计 Bandit 算法的一般技术, 它包含两个部分:

1. 一个在仅使用代价函数的梯度时选择在线凸优化算法的技术（后面给出其形式化的定义）, 并将其应用于对性质进行了认真选择的一族随机变量.

2. 设计随机变量, 使得归约模板能够保证得到合理的遗憾.

下面给出这一归约的两个部分的描述, 并在本章的剩余部分描述使用这一归约方法设计 Bandit 凸优化算法的两个例子.

6.3.1 第 1 部分: 使用无偏估计

对 Bandit 凸优化而言, 很多高效算法背后的思想是: 尽管不能显式地计算 $\nabla f_t(\boldsymbol{x}_t)$, 但可能找到一个可观测的（observable）随机变量 $\boldsymbol{g}_t$, 满足 $E[\boldsymbol{g}_t] \approx \nabla f_t(\boldsymbol{x}_t) = \nabla_t$. 因此, $\boldsymbol{g}_t$ 可看作是梯度的一个估计. 将 ∇_t 代入一个 OCO 算法中的 $\boldsymbol{g}_t$, 我们将证明, 在多数情形下, 算法保持了次线性的遗憾界.

形式化地, 该归约方法得到的遗憾最小化算法族可归结为下面的定义.

定义 6.4（一阶 OCO 算法）   令 $\mathcal{A}$ 为一个 OCO（确定型）算法, 其输入为一系列任意可微代价函数 $f_1, \cdots, f_T$, 其得到的决策为 $\boldsymbol{x}_1 \leftarrow \mathcal{A}(\varnothing)$, $\boldsymbol{x}_t \leftarrow \mathcal{A}(f_1, \cdots, f_{t-1})$. 如果下列条件成立:

- 代价函数族对线性函数的加法是封闭的: 若 $f \in \mathcal{F}_0$, 且 $\boldsymbol{u} \in \mathbb{R}^n$, 则 $f + \boldsymbol{u}^{\mathrm{T}}\boldsymbol{x} \in \mathcal{F}_0$.

- 令 $\hat{f}_t$ 为线性函数 $\hat{f}_t(\boldsymbol{x}) = \nabla f_t(\boldsymbol{x}_t)^{\mathrm{T}}\boldsymbol{x}$, 则对每一个迭代 $t \in [T]$:

$$\mathcal{A}(f_1, \cdots, f_{t-1}) = \mathcal{A}\left(\hat{f}_1, \cdots, \hat{f}_{t-1}\right)$$

则算法 $\mathcal{A}$ 称为一阶在线算法.

下面可以考虑从任意一阶在线算法到一个 Bandit 凸优化算法的规范归约.

也许令人惊讶, 在非常少的条件下, 上述的归约方法在保证了最多在估计的梯度大小上存在差异外, 得到了与原有算法相同的遗憾界. 这一结果可归结为如下的引理.

算法 19   对 Bandit 反馈的归约

1: 输入: 凸集 $\mathcal{K} \subset \mathbb{R}^n$, 一阶在线算法 $\mathcal{A}$.

2: 令 $\boldsymbol{x}_1 = \mathcal{A}(\varnothing)$.

3: **for** $t = 1$ **to** T **do**

4:　　生成分布 $\mathcal{D}_t$, 在满足条件 $E[\boldsymbol{y}_t] = \boldsymbol{x}_t$ 时, 抽样 $\boldsymbol{y}_t \sim \mathcal{D}_t$.

5:　　执行 $\boldsymbol{y}_t$.

6:　　考查 $f_t(\boldsymbol{y}_t)$, 生成 $\boldsymbol{g}_t$, 其中 $E[\boldsymbol{g}_t] = \nabla f_t(\boldsymbol{x}_t)$.

7:　　令 $\boldsymbol{x}_{t+1} = \mathcal{A}(\boldsymbol{g}_1, \cdots, \boldsymbol{g}_t)$.

8: **end for**

引理 6.5 令 $\boldsymbol{u}$ 为 $\mathcal{K}$ 中的一个固定点, $f_1, \cdots, f_T : \mathcal{K} \to \mathbb{R}$ 为一系列可微函数, $\mathcal{A}$ 为使用全部信息设定时保证遗憾界的形式为遗憾$_T(\mathcal{A}) \leqslant B_{\mathcal{A}}(\nabla f_1(\boldsymbol{x}_1), \cdots, \nabla f_T(\boldsymbol{x}_T))$ 的一阶在线算法. 定义点 $\{\boldsymbol{x}_t\}$ 为: $\boldsymbol{x}_1 \leftarrow \mathcal{A}(\varnothing)$, $\boldsymbol{x}_t \leftarrow \mathcal{A}(\boldsymbol{g}_1, \cdots, \boldsymbol{g}_{t-1})$, 其中每一个 $\boldsymbol{g}_t$ 都是一个向量值随机变量, 满足:

$$E[\boldsymbol{g}_t | \boldsymbol{x}_1, f_1, \cdots, \boldsymbol{x}_t, f_t] = \nabla f_t(\boldsymbol{x}_t)$$

于是, 对所有 $\boldsymbol{u} \in \mathcal{K}$, 有

$$E\left[\sum_{t=1}^T f_t(\boldsymbol{x}_t)\right] - \sum_{t=1}^T f_t(\boldsymbol{u}) \leqslant E[B_{\mathcal{A}}(\boldsymbol{g}_1, \cdots, \boldsymbol{g}_T)]$$

证明 函数 $h_t : \mathcal{K} \to \mathbb{R}$ 定义为:

$$h_t(\boldsymbol{x}) = f_t(\boldsymbol{x}) + \boldsymbol{\xi}_t^{\mathrm{T}} \boldsymbol{x}, \quad \text{其中 } \boldsymbol{\xi}_t = \boldsymbol{g}_t - \nabla f_t(\boldsymbol{x}_t)$$

注意到

$$\nabla h_t(\boldsymbol{x}_t) = \nabla f_t(\boldsymbol{x}_t) + \boldsymbol{g}_t - \nabla f_t(\boldsymbol{x}_t) = \boldsymbol{g}_t$$

因此, 确定性地将一阶算法 $\mathcal{A}$ 应用于随机函数 h_t 等价于将算法 $\mathcal{A}$ 应用于对确定型函数 f_t 的随机一阶近似. 故由使用全部信息的算法 $\mathcal{A}$ 的遗憾界可得:

$$\sum_{t=1}^T h_t(\boldsymbol{x}_t) - \sum_{t=1}^T h_t(\boldsymbol{u}) \leqslant B_{\mathcal{A}}(\boldsymbol{g}_1, \cdots, \boldsymbol{g}_T) \tag{6.2}$$

同时注意到:

$$E[h_t(\boldsymbol{x}_t)] = E[f_t(\boldsymbol{x}_t)] + E[\boldsymbol{\xi}_t^{\mathrm{T}} \boldsymbol{x}_t]$$
$$= E[f_t(\boldsymbol{x}_t)] + E\left[E[\boldsymbol{\xi}_t^{\mathrm{T}} \boldsymbol{x}_t | \boldsymbol{x}_1, f_1, \cdots, \boldsymbol{x}_t, f_t]\right]$$

$$= E\left[f_t\left(\boldsymbol{x}_t\right)\right] + E\left[E[\boldsymbol{\xi}_t|\boldsymbol{x}_1, f_1, \cdots, \boldsymbol{x}_t, f_t]^{\mathrm{T}}\boldsymbol{x}_t\right]$$

$$= E\left[f_t\left(\boldsymbol{x}_t\right)\right]$$

其中用到了 $E\left[\boldsymbol{\xi}_t|\boldsymbol{x}_1, f_1, \cdots, \boldsymbol{x}_t, f_t\right] = 0$. 类似地, 由于 $\boldsymbol{u} \in \mathcal{K}$ 为固定的, 故有 $E\left[h_t\left(\boldsymbol{u}\right)\right] = f_t\left(\boldsymbol{u}\right)$. 求等式 (6.2) 的期望就得到了引理的结论.   □

6.3.2 第 2 部分: 点点梯度估计

在前面的部分中我们已经描述如何将一个一阶 OCO 算法转换为使用 Bandit 信息和特定随机变量的问题. 现在说明如何创建这些随机变量.

尽管无法显式计算 $\nabla f_t\left(\boldsymbol{x}_t\right)$, 仍可以求一个可观测随机变量 $\boldsymbol{g}_t$, 它满足 $E\left[\boldsymbol{g}_t\right] \approx \nabla f_t$, 且可用作梯度的一个估计.

问题是如何求得一个合适的 $\boldsymbol{g}_t$. 为回答这个问题, 我们从一个一维情形的例子开始分析.

例 6.6   一个一维梯度估计

回顾导数的定义:

$$f'\left(x\right) = \lim_{\delta \to 0} \frac{f\left(x+\delta\right) - f\left(x-\delta\right)}{2\delta}$$

上式表明, 对一维导数, f 的两个取值会被用到. 由于在现在的问题中只有一个取值, 可定义 $g\left(x\right)$ 如下:

$$g\left(x\right) = \begin{cases} \dfrac{f\left(x+\delta\right)}{\delta}, & \text{概率为 } \dfrac{1}{2} \\[4mm] -\dfrac{f\left(x-\delta\right)}{\delta}, & \text{概率为 } \dfrac{1}{2} \end{cases} \tag{6.3}$$

显然

$$E\left[g\left(x\right)\right] = \frac{f\left(x+\delta\right) - f\left(x-\delta\right)}{2\delta}$$

因此, **在期望的意义下**, 对较小的 δ, $g(x)$ 给出了 $f'(x)$ 的一个估计.

球抽样估计

下面说明如何将梯度估计式 (6.3) 推广到多维的情形. 令 $\boldsymbol{x} \in \mathbb{R}^n$, 并令 B_δ 和 S_δ 为半径是 δ 的 n 维球:

$$B_\delta = \{\boldsymbol{x} \mid \|\boldsymbol{x}\| \leqslant \delta\}$$
$$S_\delta = \{\boldsymbol{x} \mid \|\boldsymbol{x}\| = \delta\}$$

定义 $\hat{f}(\boldsymbol{x}) = \hat{f}_\delta(\boldsymbol{x})$ 为 $f(\boldsymbol{x})$ 的一个 δ 光滑形式:

$$\hat{f}_\delta(\boldsymbol{x}) = \underset{\boldsymbol{v} \in \mathbb{B}}{E}[f(\boldsymbol{x} + \delta \boldsymbol{v})] \tag{6.4}$$

其中 $\boldsymbol{v}$ 为在单位球上的均匀抽样. 这一构造与分析凸优化收敛性的引理 2.6 的形式非常相似. 但是, 此处的目标是非常不同的.

注意到当 f 为线性时, 有 $\hat{f}_\delta(\boldsymbol{x}) = f(\boldsymbol{x})$. 后面将会说明 f 为线性实际上是一个特殊的情形, 并证明如何估计 $\hat{f}(\boldsymbol{x})$ 的梯度, 而且, 在给定的假设下, 它也是 $f(\boldsymbol{x})$ 的梯度. 下面的引理给出了梯度 $\nabla \hat{f}_\delta$ 和一个均匀抽样的单位向量之间的简单联系.

引理 6.7 固定 $\delta > 0$. 令 $\hat{f}_\delta(\boldsymbol{x})$ 由式 (6.4) 定义, 并令 $\boldsymbol{u}$ 为一个均匀抽样的单位向量 $\boldsymbol{u} \sim \mathbb{S}$. 则

$$\underset{\boldsymbol{u} \in \mathbb{S}}{E}[f(\boldsymbol{x} + \delta \boldsymbol{u}) \boldsymbol{u}] = \frac{\delta}{n} \hat{f}_\delta(\boldsymbol{x})$$

证明 利用微积分中的 Stokes 定理, 有

$$\nabla \int_{B_\delta} f(\boldsymbol{x} + \boldsymbol{v}) \, d\boldsymbol{v} = \int_{S_\delta} f(\boldsymbol{x} + \boldsymbol{u}) \frac{\boldsymbol{u}}{\|\boldsymbol{u}\|} d\boldsymbol{u} \tag{6.5}$$

由式 (6.4) 及期望的定义, 有

$$\hat{f}_\delta\left(\boldsymbol{x}\right) = \frac{\displaystyle\int_{B_\delta} f\left(\boldsymbol{x}+\boldsymbol{v}\right)\mathrm{d}\boldsymbol{v}}{\mathrm{vol}\left(B_\delta\right)} \tag{6.6}$$

其中 $\mathrm{vol}(B_\delta)$ 为半径是 δ 的 n 维球的体积. 类似地,

$$\mathop{E}_{\boldsymbol{u}\in S}\left[f\left(\boldsymbol{x}+\delta\boldsymbol{u}\right)\boldsymbol{u}\right] = \frac{\displaystyle\int_{S_\delta} f\left(\boldsymbol{x}+\boldsymbol{u}\right)\frac{\boldsymbol{u}}{\|\boldsymbol{u}\|}\mathrm{d}\boldsymbol{u}}{\mathrm{vol}\left(S_\delta\right)} \tag{6.7}$$

结合式 (6.4)、式 (6.5)、式 (6.6) 和式 (6.7), 以及 n 维球和 $n-1$ 维球的体积比为 $\mathrm{vol}_n B_\delta/\mathrm{vol}_{n-1} S_\delta = \delta/n$ 的事实, 即可得到需要的结果. □

在 f 为线性的假设下, 引理 6.7 给出了梯度 ∇f 的一个简单估计. 随机取一个单位向量 $\boldsymbol{u}$, 并令 $g\left(\boldsymbol{x}\right) = \frac{n}{\delta}f\left(\boldsymbol{x}+\delta\boldsymbol{u}\right)\boldsymbol{u}$.

椭球抽样估计

前述的球抽样估计有时是不易使用的: 当球的中心与决策集的边界非常接近时, 只有直径非常小的球能够完全落在决策集中. 这使得估计梯度的方差较大.

此时, 考虑椭球估计而不是球估计就比较有效了. 幸运的是, 梯度估计推广为椭球抽样的情形是前面推导结果的一个简单推论:

推论 6.8 *考虑一个连续函数 $f: \mathbb{R}^n \to \mathbb{R}$, 一个可逆矩阵 $A \in \mathbb{R}^{n\times n}$, 并令 $\boldsymbol{v} \sim \mathbb{B}^n$ 且 $\boldsymbol{u} \sim \mathbb{S}^n$. 定义 f 相对 A 的光滑化形式:*

$$\hat{f}\left(\boldsymbol{x}\right) = E\left[f\left(\boldsymbol{x}+A\boldsymbol{v}\right)\right]$$

则下面的结果成立:

$$\nabla\hat{f}\left(\boldsymbol{x}\right) = nE\left[f\left(\boldsymbol{x}+A\boldsymbol{u}\right)A^{-1}\boldsymbol{u}\right].$$

证明 令 $g(\boldsymbol{x}) = f(A\boldsymbol{x}), \hat{g}(\boldsymbol{x}) = E_{\boldsymbol{v}\in\mathbb{B}}[g(\boldsymbol{x}+\boldsymbol{v})]$.

$$nE\left[f(\boldsymbol{x}+A\boldsymbol{u})A^{-1}\boldsymbol{u}\right] = nA^{-1}E\left[f(\boldsymbol{x}+A\boldsymbol{u})\boldsymbol{u}\right]$$

$$= nA^{-1}E\left[g(A^{-1}\boldsymbol{x}+\boldsymbol{u})\boldsymbol{u}\right]$$

$$= A^{-1}\nabla\hat{g}(A^{-1}\boldsymbol{x}) \qquad \text{引理 6.7}$$

$$= A^{-1}A\nabla\hat{f}(\boldsymbol{x}) = \nabla\hat{f}(\boldsymbol{x})$$

$\square$

6.4 不需要梯度的在线梯度下降算法

在将在线梯度下降算法用于 Bandit 设定的应用中时, 给出了最简单也是最早的从 BCO 到 OCO 归约的方法. FKM 算法 (以其发明者的名字命名, 见参考文献) 在算法 20 中给出.

算法 20 FKM 算法

1: 输入: 包含 $\boldsymbol{0}$ 的决策集合 $\mathcal{K}$, 令 $\boldsymbol{x}_1 = \boldsymbol{0}$, 参数 δ, η.

2: **for** $t = 1$ 到 T **do**

3:     均匀随机抽取 $\boldsymbol{u}_t \in \mathbb{S}_1$, 令 $\boldsymbol{y}_t = \boldsymbol{x}_t + \delta\boldsymbol{u}_t$.

4:     执行 $\boldsymbol{y}_t$, 考查并计算代价 $f_t(\boldsymbol{y}_t)$. 令 $\boldsymbol{g}_t = \dfrac{n}{\delta}f_t(\boldsymbol{y}_t)\boldsymbol{u}_t$.

5:     更新 $\boldsymbol{x}_{t+1} = \displaystyle\prod_{\mathcal{K}_\delta}[\boldsymbol{x}_t - \eta\boldsymbol{g}_t]$.

6: **end for**

为简单起见, 假设集合 $\mathcal{K}$ 包含中心在零向量 (记为 $\boldsymbol{0}$) 处的单位球. 记 $\mathcal{K}_\delta =$

$\left\{\boldsymbol{x}|\dfrac{1}{1-\delta}\boldsymbol{x}\in\mathcal{K}\right\}$. 我们将 $\mathcal{K}_\delta$ 对任意 $0<\delta<1$ 都是凸集, 且所有半径为 δ 的球 $\mathcal{K}_\delta$ 中的点都包含在 $\mathcal{K}$ 中的证明留作练习.

为简单起见, 也假设对手选择的代价函数为在 $\mathcal{K}$ 上的界是 1 的函数, 即对所有的 $\boldsymbol{x}\in\mathcal{K}$, $|f_t(\boldsymbol{x})|\leqslant 1$.

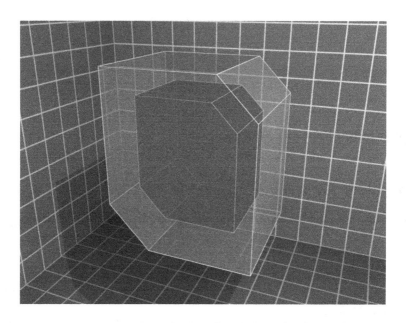

图 6.1　Minkowski 集合 $\mathcal{K}_\delta$

FKM 算法是将 Bandit 凸优化问题转化为 $\mathcal{K}_\delta$ 上采用球梯度估计的在线凸优化问题的一个实例. 它不断地向 $\mathcal{K}_\delta$ 进行投影, 以便为球梯度估计提供足够多的空间. 这样做使其性能降低了一个可控的量: 其遗憾的界如下.

定理 6.9　参数为 $\eta=\dfrac{D}{nT^{3/4}}$, $\delta=\dfrac{1}{T^{1/4}}$ 的算法 20 保证如下期望的遗憾界:

$$\sum_{t=1}^{T}E\left[f_t(\boldsymbol{y}_t)\right]-\min_{\boldsymbol{x}\in\mathcal{K}}\sum_{t=1}^{T}f_t(\boldsymbol{x})\leqslant 9nDGT^{3/4}=O\left(T^{3/4}\right)$$

证明 回顾记号 $\boldsymbol{x}^\star = \arg\min\limits_{\boldsymbol{x}\in\mathcal{K}} \sum\limits_{t=1}^{T} f_t(\boldsymbol{x})$. 记

$$\boldsymbol{x}_\delta^\star = \prod_{\mathcal{K}_\delta}(\boldsymbol{x}^\star)$$

于是, 根据投影性质有 $\|\boldsymbol{x}_\delta^\star - \boldsymbol{x}^\star\| \leqslant \delta D$, 其中 D 为 $\mathcal{K}$ 的直径. 因此, 假设代价函数 $\{f_t\}$ 为 G-Lipschitz 的, 我们有

$$\sum_{t=1}^{T} E\left[f_t(\boldsymbol{y}_t)\right] - \sum_{t=1}^{T} f_t(\boldsymbol{x}^\star) \leqslant \sum_{t=1}^{T} E\left[f_t(\boldsymbol{y}_t)\right] - \sum_{t=1}^{T} f_t(\boldsymbol{x}_\delta^\star) + \delta TGD \quad (6.8)$$

记 $\hat{f}_t = \hat{f}_{\delta,t} = E_{\boldsymbol{u}\sim\mathbb{B}}\left[f(\boldsymbol{x} + \delta\boldsymbol{u})\right]$. 则遗憾的界为

$$\sum_{t=1}^{T} E\left[f_t(\boldsymbol{y}_t)\right] - \sum_{t=1}^{T} f_t(\boldsymbol{x}^\star)$$

$$\leqslant \sum_{t=1}^{T} E\left[f_t(\boldsymbol{x}_t)\right] - \sum_{t=1}^{T} f_t(\boldsymbol{x}^\star) + \delta DGT \qquad \text{引理 2.6}$$

$$\leqslant \sum_{t=1}^{T} E\left[f_t(\boldsymbol{x}_t)\right] - \sum_{t=1}^{T} f_t(\boldsymbol{x}_\delta^\star) + 2\delta DGT \qquad \text{不等式 (6.8)}$$

$$\leqslant \sum_{t=1}^{T} E\left[\hat{f}_t(\boldsymbol{x}_t)\right] - \sum_{t=1}^{T} \hat{f}_t(\boldsymbol{x}_\delta^\star) + 4\delta DGT \qquad \text{引理 2.6}$$

$$\leqslant \text{遗憾}_{OGD}(\boldsymbol{g}_1, \cdots, \boldsymbol{g}_T) + 4\delta DGT \qquad \text{引理 6.5}$$

$$\leqslant \eta \sum_{t=1}^{T} \|\boldsymbol{g}_t\|^2 + \frac{D^2}{\eta} + 4\delta DGT \qquad \text{OGD 遗憾, 定理 3.1}$$

$$\leqslant \eta \frac{n^2}{\delta^2} T + \frac{D^2}{\eta} + 4\delta DGT \qquad |f_t(\boldsymbol{x})| \leqslant 1$$

$$\leqslant 9nDGT^{3/4} \qquad \eta = \frac{D}{nT^{3/4}}, \delta = \frac{1}{T^{1/4}}$$

$\square$

6.5　BLO 最优遗憾算法（选学）

一种受关注的 BCO 特殊情形称为 BLO ——Bandit 线性优化（Bandit Linear Optimization）问题. 此设定的代价函数是线性的, 且此设定可从本章开始时讨论的网络路由、广告配置的例子和非随机 MAB 问题中归结得到.

本节使用凸优化问题中的内点法给出有关 BLO 问题的一个近优遗憾界.

在前面章节中给出的通用 OGD 方法主要有三个缺陷:

1. 梯度估计是有偏的, 且估计的梯度是真正代价函数光滑后的形式.

2. 梯度估计需要足够的 "摇摆空间", 因此在决策集边界处为病态的.

3. 梯度估计有可能很大, 它的大小与到边界的距离成比例.

幸运的是, 第一个问题对线性函数来说是不存在的——可以证明线性函数的梯度估计是无偏的. 使用前面章节的符号, 对线性函数我们有:

$$\hat{f}_\delta(\boldsymbol{x}) = \mathop{E}_{\boldsymbol{v} \sim \mathbb{B}} [f(\boldsymbol{x} + \delta \boldsymbol{v})] = f(\boldsymbol{x})$$

因此, 引理 6.7 给出了一个更强的保证:

$$\mathop{E}_{\boldsymbol{u} \in \mathbb{S}} [f(\boldsymbol{x} + \delta \boldsymbol{u}) \boldsymbol{u}] = \frac{\delta}{n} \nabla \hat{f}_\delta(\boldsymbol{x}) = \frac{\delta}{n} \nabla f(\boldsymbol{x})$$

为解决第二个和第三个问题, 可以使用解决凸优化问题的内点法中给出的更高级的自和谐障碍函数技术.

6.5.1　自和谐障碍

自和谐障碍（self-concordant barrier）函数是在处理优化问题的内点法文献中给出的, 它是一种用作保证牛顿法在有界凸集上以多项式时间收敛的方法. 此处简单介绍它们的一些漂亮的性质, 这些性质可以对 BLO 问题给出一个有最优遗憾的算法.

定义 6.10　令 $\mathcal{K} \in \mathbb{R}^n$ 为一个凸集, 其内部 $\mathrm{int}\,(\mathcal{K})$ 非空. 若函数 $\mathcal{R} : \mathrm{int}\,(\mathcal{K}) \to \mathbb{R}$ 满足下列条件:

1. $\mathcal{R}$ 是三次连续可微的凸函数, 且对任意收敛到 $\mathcal{K}$ 的边界的点列, 它都趋向于无穷.

2. 对每一个 $\boldsymbol{h} \in \mathbb{R}^n$ 及 $\boldsymbol{x} \in \mathrm{int}\,(\mathcal{K})$, 下列结果成立:

$$\left| \nabla^3 \mathcal{R}\,(\boldsymbol{x})\,[\boldsymbol{h}, \boldsymbol{h}, \boldsymbol{h}] \right| \leqslant 2 \left(\nabla^2 \mathcal{R}\,(\boldsymbol{x})\,[\boldsymbol{h}, \boldsymbol{h}] \right)^{3/2}$$

$$\left| \nabla \mathcal{R}\,(\boldsymbol{x})\,[\boldsymbol{h}] \right| \leqslant \nu^{1/2} \left(\nabla^2 \mathcal{R}\,(\boldsymbol{x})\,[\boldsymbol{h}, \boldsymbol{h}] \right)^{1/2}$$

则称其为 ν 自和谐的. 其中三阶微分定义为:

$$\nabla^3 \mathcal{R}\,(\boldsymbol{x})\,[\boldsymbol{h}, \boldsymbol{h}, \boldsymbol{h}] \triangleq \left. \frac{\partial^3}{\partial t_1 \partial t_2 \partial t_3} \mathcal{R}\,(\boldsymbol{x} + t_1 \boldsymbol{h} + t_2 \boldsymbol{h} + t_3 \boldsymbol{h}) \right|_{t_1 = t_2 = t_3 = 0}$$

一个自和谐障碍函数的黑塞矩阵诱导了一个对每一个 $\boldsymbol{x} \in \mathrm{int}\,(\mathcal{K})$ 定义的局部范数, 我们将这一范数记为 $\|\cdot\|_{\boldsymbol{x}}$, 其对偶记为 $\|\cdot\|_{\boldsymbol{x}}^*$, $\forall \boldsymbol{h} \in \mathbb{R}^n$, 它们的定义为

$$\|\boldsymbol{h}\|_{\boldsymbol{x}} = \sqrt{\boldsymbol{h}^{\mathrm{T}} \nabla^2 \mathcal{R}\,(\boldsymbol{x})\,\boldsymbol{h}}, \quad \|\boldsymbol{h}\|_{\boldsymbol{x}}^* = \sqrt{\boldsymbol{h}^{\mathrm{T}} (\nabla^2 \mathcal{R}\,(\boldsymbol{x}))^{-1} \boldsymbol{h}}$$

此处假设 $\nabla^2 \mathcal{R}\,(\boldsymbol{x})$ 总是满秩的. 在 BCO 应用中, 这一假设可以通过在障碍函数中添加一个虚拟的二次函数简单实现, 这样做对整个遗憾的影响不超过一个常数.

令 $\mathcal{R}$ 为一个自和谐障碍函数, 且 $\boldsymbol{x} \in \mathrm{int}\,(\mathcal{K})$. 定义 Dikin 椭球（Dikin ellipsoid）为

$$\mathcal{E}_1\,(\boldsymbol{x}) := \{ \boldsymbol{y} \in \mathbb{R}^n : \|\boldsymbol{y} - \boldsymbol{x}\|_{\boldsymbol{x}} \leqslant 1 \}$$

即中心在 $\boldsymbol{x}$ 的 $\|\cdot\|_{\boldsymbol{x}}$ 单位球完全包含于 $\mathcal{K}$.

在后面的分析中, 需要对 $\boldsymbol{x}, \boldsymbol{y} \in \mathrm{int}\,(\mathcal{K})$ 界定 $\mathcal{R}\,(\boldsymbol{y}) - \mathcal{R}\,(\boldsymbol{x})$, 此时, 下面的引理是很有益的:

引理 6.11   令 $\mathcal{R}$ 为一个 $\mathcal{K}$ 上的 ν 自和谐函数, 则对所有的 $\boldsymbol{x}, \boldsymbol{y} \in \mathrm{int}\,(\mathcal{K})$:

$$\mathcal{R}\,(\boldsymbol{y}) - \mathcal{R}\,(\boldsymbol{x}) \leqslant \nu \log \frac{1}{1 - \pi_{\boldsymbol{x}}\,(\boldsymbol{y})}$$

其中 $\pi_{\boldsymbol{x}}\,(\boldsymbol{y}) = \inf\{t \geqslant 0 : \boldsymbol{x} + t^{-1}\,(\boldsymbol{y} - \boldsymbol{x}) \in \mathcal{K}\}$.

函数 $\pi_{\boldsymbol{x}}\,(\boldsymbol{y})$ 称为 $\mathcal{K}$ 的 Minkowski 函数, 其输出的取值范围为区间 $[0, 1]$. 此外, 当 $\boldsymbol{y}$ 趋向于 $\mathcal{K}$ 的边界时, $\pi_{\boldsymbol{x}}\,(\boldsymbol{y}) \to 1$.

自和谐函数的另外一个重要性质是一个点和最优值点之间的关系, 以及下面引理中给出的在该点处依局部范数的梯度范数.

引理 6.12   令 $\boldsymbol{x} \in \mathrm{int}\,(\mathcal{K})$ 满足 $\|\nabla \mathcal{R}\,(\boldsymbol{x})\|_{\boldsymbol{x}}^{*} \leqslant \frac{1}{4}$, 并令 $\boldsymbol{x}^{\star} = \arg\min_{\boldsymbol{x} \in \mathcal{K}} \mathcal{R}\,(\boldsymbol{x})$. 则

$$\|\boldsymbol{x} - \boldsymbol{x}^{\star}\|_{\boldsymbol{x}} \leqslant 2 \|\nabla \mathcal{R}\,(\boldsymbol{x})\|_{\boldsymbol{x}}^{*}$$

6.5.2   一个近优算法

现在已经为给出一个近优 BLO 算法准备好了所有的工具, 该算法在算法 21 中给出.

定理 6.13   对适当选择的 δ, SCRIBLE 算法可以保证

$$\sum_{t=1}^{T} E\,[f_t\,(\boldsymbol{y}_t)] - \min_{\boldsymbol{x} \in \mathcal{K}} \sum_{t=1}^{T} f_t\,(\boldsymbol{x}) \leqslant O\left(\sqrt{T} \log T\right)$$

算法 21 SCRIBLE 算法

1: 令 $\boldsymbol{x}_1 \in \text{int}(\mathcal{K})$ 满足 $\nabla \mathcal{R}(\boldsymbol{x}_1) = 0$.

2: **for** $t = 1$ 到 T **do**

3:       令 $\boldsymbol{A}_t = [\nabla^2 \mathcal{R}(\boldsymbol{x}_t)]^{-1/2}$.

4:       均匀抽取 $\boldsymbol{u}_t \in \mathbb{S}$, 并令 $\boldsymbol{y}_t = \boldsymbol{x}_t + \boldsymbol{A}_t \boldsymbol{u}_t$.

5:       执行 $\boldsymbol{y}_t$, 考查代价 $f_t(\boldsymbol{y}_t)$ 的作用. 令 $\boldsymbol{g}_t = n f_t(\boldsymbol{y}_t) \boldsymbol{A}_t^{-1} \boldsymbol{u}_t$.

6:       更新

$$\boldsymbol{x}_{t+1} = \arg\min_{\boldsymbol{x} \in \mathcal{K}} \left\{ \eta \sum_{\tau=1}^{t} \boldsymbol{g}_\tau^{\mathrm{T}} \boldsymbol{x} + \mathcal{R}(\boldsymbol{x}) \right\}$$

7: **end for**

证明　首先, 注意到 $\boldsymbol{x}_t \in \mathcal{K}$ 永远不会离开决策集. 其原因是 $\boldsymbol{y}_t \in \mathcal{K}$, 且 $\boldsymbol{x}_t$ 在以 $\boldsymbol{y}_t$ 为中心的 Dikin 椭球中.

此外, 由推论 6.8, 有

$$E[\boldsymbol{g}_t] = \nabla \hat{f}_t(\boldsymbol{x}_t) = \nabla f_t(\boldsymbol{x}_t)$$

其中最后一个等式成立的原因是 f_t 为线性的, 因此其光滑形式就是自身.

最后可以观察到, 算法的第 6 行中调用了一个以自和谐障碍函数 $\mathcal{R}$ 为正则化函数的 RFTL 算法. 对线性函数的 RFTL 算法就是一个一阶 OCO 算法, 因此可以应用引理 6.5.

现在, 遗憾的界为

$$\sum_{t=1}^{T} E[f_t(\boldsymbol{y}_t)] - \sum_{t=1}^{T} f_t(\boldsymbol{x}^\star)$$

$$\leqslant \sum_{t=1}^{T} E\left[\hat{f}_t\left(\boldsymbol{x}_t\right)\right] - \sum_{t=1}^{T} \hat{f}_t\left(\boldsymbol{x}^\star\right) \qquad \hat{f}_t = f_t, E\left[\boldsymbol{y}_t\right] = \boldsymbol{x}_t$$

$$\leqslant 遗憾_{RFTL}\left(\boldsymbol{g}_1, \cdots, \boldsymbol{g}_T\right) \qquad 引理\ 6.5$$

$$\leqslant \sum_{t=1}^{T} \boldsymbol{g}_t^{\mathrm{T}}\left(\boldsymbol{x}_t - \boldsymbol{x}_{t+1}\right) + \frac{\mathcal{R}\left(\boldsymbol{x}^\star\right) - \mathcal{R}\left(\boldsymbol{x}_1\right)}{\eta} \qquad 引理\ 5.3$$

$$\leqslant \sum_{t=1}^{T} \left\|\boldsymbol{g}_t\right\|_{\boldsymbol{x}_t}^* \left\|\boldsymbol{x}_t - \boldsymbol{x}_{t+1}\right\|_{\boldsymbol{x}_t} + \frac{\mathcal{R}\left(\boldsymbol{x}^\star\right) - \mathcal{R}\left(\boldsymbol{x}_1\right)}{\eta} \qquad \text{Cauchy-Schwartz}$$

为界定上面表达式，使用引理 6.12 并定义 $\boldsymbol{x}_{t+1} = \underset{\boldsymbol{x} \in \mathcal{K}}{\arg\min}\, \Phi_t\left(\boldsymbol{x}\right)$，其中 $\Phi_t\left(\boldsymbol{x}\right) = \eta \sum_{\tau=1}^{t} \boldsymbol{g}_\tau^{\mathrm{T}} \boldsymbol{x} + \mathcal{R}\left(\boldsymbol{x}\right)$ 为自和谐障碍函数. 因此

$$\left\|\boldsymbol{x}_t - \boldsymbol{x}_{t+1}\right\|_{\boldsymbol{x}_t} \leqslant 2\left\|\nabla \Phi_t\left(\boldsymbol{x}_t\right)\right\|_{\boldsymbol{x}_t}^* = 2\left\|\nabla \Phi_{t-1}\left(\boldsymbol{x}_t\right) + \eta \boldsymbol{g}_t\right\|_{\boldsymbol{x}_t}^* = 2\eta \left\|\boldsymbol{g}_t\right\|_{\boldsymbol{x}_t}^*$$

因为根据 $\boldsymbol{x}_t$ 的定义有 $\Phi_{t-1}\left(\boldsymbol{x}_t\right) = 0$. 回顾使用引理 6.12 时，需要 $\left\|\nabla \Phi_t\left(\boldsymbol{x}_t\right)\right\|_{\boldsymbol{x}_t}^* = \eta \left\|\boldsymbol{g}_t\right\|_{\boldsymbol{x}_t}^* \leqslant \frac{1}{4}$，这一要求可通过选择 η 满足，因为

$$\left\|\boldsymbol{g}_t\right\|_{\boldsymbol{x}_t}^{*2} \leqslant n^2 \boldsymbol{u}^T \boldsymbol{A}_t^{-T} \nabla^{-2} \mathcal{R}\left(\boldsymbol{x}_t\right) \boldsymbol{A}_t^{-1} \boldsymbol{u} \leqslant n^2$$

因此

$$\sum_{t=1}^{T} E\left[f_t\left(\boldsymbol{y}_t\right)\right] - \sum_{t=1}^{T} f_t\left(\boldsymbol{x}^\star\right) \leqslant 2\eta \sum_{t=1}^{T} \left\|\boldsymbol{g}_t\right\|_{\boldsymbol{x}_t}^{*2} + \frac{\mathcal{R}\left(\boldsymbol{x}^\star\right) - \mathcal{R}\left(\boldsymbol{x}_1\right)}{\eta}$$
$$\leqslant 2\eta n^2 T + \frac{\mathcal{R}\left(\boldsymbol{x}^\star\right) - \mathcal{R}\left(\boldsymbol{x}_1\right)}{\eta}$$

接下来还需界定相应于 $\boldsymbol{x}^\star$ 的 Bregman 散度，为此使用与分析算法 20 时相似的技术，并相应于 $\boldsymbol{x}^\star$ 在 $\mathcal{K}_\delta$ 上的投影 $\boldsymbol{x}_\delta^\star$ 估计遗憾. 利用方程 (6.8) 可以得到总的遗憾界为：

$$\sum_{t=1}^{T} E\left[f_t\left(\boldsymbol{y}_t\right)\right] - \sum_{t=1}^{T} f_t\left(\boldsymbol{x}^\star\right)$$

$$\leqslant \sum_{t=1}^{T} E\left[f_t\left(\boldsymbol{y}_t\right)\right] - \sum_{t=1}^{T} f_t\left(\boldsymbol{x}_\delta^\star\right) + \delta T G D \qquad \text{方程 (6.8)}$$

$$\leqslant 2\eta n^2 T + \frac{\mathcal{R}\left(\boldsymbol{x}_\delta^\star\right) - \mathcal{R}\left(\boldsymbol{x}_1\right)}{\eta} + \delta T G D \qquad \text{上面的推导}$$

$$\leqslant 2\eta n^2 T + \frac{\nu \log \frac{1}{1-\pi_{\boldsymbol{x}_1}(\boldsymbol{x}_\delta^\star)}}{\eta} + \delta T G D \qquad \text{引理 6.11}$$

$$\leqslant 2\eta n^2 T + \frac{\nu \log \frac{1}{\delta}}{\eta} + \delta T G D \qquad \boldsymbol{x}_\delta^\star \in \mathcal{K}_\delta$$

取 $\eta = O\left(\frac{1}{\sqrt{T}}\right)$ 及 $\delta = O\left(\frac{1}{T}\right)$，上述的界就蕴含着定理的结论. $\qquad\square$

6.6 习题

1. BCO 问题任意算法遗憾的下界: 证明在单位球上的特殊情形下, 任意 BCO 在线算法的遗憾必为 $\Omega\left(\sqrt{T}\right)$.

2. * 强化上面的界: 证明在 d 维单形上, 对代价函数 ℓ_∞ 界为 1 的 BLO 特殊情形, 任意在线算法在 $T \to \infty$ 时, 遗憾必为 $\Omega\left(\sqrt{dT}\right)$.

3. 令 $\mathcal{K}$ 为凸集. 证明 $\mathcal{K}_\delta$ 也是凸集.

4. 令 $\mathcal{K}$ 为凸集且包含中心在零点的单位球. 证明: 对任意 $\boldsymbol{x} \in \mathcal{K}_\delta$, 中心在 $\boldsymbol{x}$、半径为 δ 的球是包含在 $\mathcal{K}$ 内的.

5. 考虑使用 H 强凸函数的 BCO 设定, H 被认为是在线学习者算法的一个先验结果. 证明此时可以得到的遗憾界为 $\tilde{O}\left(T^{2/3}\right)$.
提示: 回顾得到使用 H 强凸函数及完全信息的 OCO 遗憾界 $O(\log T)$ 的过程, 并回顾记号 $\tilde{O}(\cdot)$ 中隐藏的常数和对数多项式项.

6. 考虑如下变形的 BCO 设定: 在每一次迭代时, 参与者允许考查函数的**两个评价值**, 而不仅是一个. 也即参与者给出 $\boldsymbol{x}_t$ 和 $\boldsymbol{y}_t$, 观察 $f_t(\boldsymbol{x}_t)$ 和 $f_t(\boldsymbol{y}_t)$. 与通

常一样, 遗憾也是相应于 $\boldsymbol{x}_t$ 的:

$$\sum_t f_t\left(\boldsymbol{x}_t\right) - \min_{\boldsymbol{x}^\star \in \mathcal{K}} \sum_t f_t\left(\boldsymbol{x}^\star\right)$$

对这一设定, 给出一个遗憾界能达到 $O\left(\sqrt{T}\right)$ 的有效算法.

6.7   文献点评

有关多臂赌博机的历史可以追溯到五十多年前 Robbins 的工作 [90], 参考 [25] 能得到有关历史的更详细信息. 非随机 MAB 问题和 EXP3 算法, 以及它们的紧下界可以参考研讨会论文 [13]. 对非随机 MAB 问题得到的遗憾对数差异在 [12] 中被克服了.

Awerbuch 和 Kleinberg 在在线路由的研究 [14] 中引入了对使用线性代价函数和流多面体的 Bandit 凸优化特殊情形. 完全一般化的 BCO 设定由 Flaxman、Kalai 和 McMahan 在 [42] 中引入, 他们首次给出 BCO 的有效且低遗憾算法.

代价函数为线性的特殊情形称为 Bandit 线性优化, 它受到了广泛的关注. Dani、Kakade 和 Hayes[33] 给出了在相差一个与维数有关的常数意义下的最优遗憾算法. Abernethy、Hazan 和 Rakhlin[2] 给出了一个有效算法, 并在 Bandit 设定下引入了自和谐障碍函数. 自和谐障碍函数是 Nesterov 和 Nemirovskii 在研究凸优化多项式时间算法的研讨会工作 [79] 中给出的设计.

本章将遗憾的期望看作是一个性能指标. 有大量的文献致力于保证较高的遗憾概率. [13] 中给出了求解 MAB 问题具有高概率界的方法, 对 Bandit 线性优化问题的方法在 [5] 中给出. 其他更为精细的指标在最近的文献 [35] 及对手自适应的文献 [40, 74, 80, 107, 108] 中进行了分析.

第 7 章 无投影算法

在很多计算与学习的场景中, 不管是在线问题还是离线问题, 优化的主要瓶颈是到基本决策集（参见 2.1.1 节）上投影的计算问题. 本章介绍一种 OCO 问题的无投影方法.

贯穿本章的基本例子是矩阵的补全问题, 它是在构造推荐系统时被广泛使用和接受的模型. 对于矩阵补全及其相关问题, 投影运算是一种代价高昂的线性代数运算, 在大数据应用中应当尽量避免它们.

本章将绕开经典离线凸优化, 转而描述条件梯度的算法, 它也称为 Frank-Wolfe 算法. 然后, 给出可以使用比投影方法更有效的线性优化问题. 最后给出 OCO 算法, 该算法用线性优化方法避开了投影, 这与离线算法的风格非常类似.

7.1 回顾: 与线性代数相关的概念

本章在模型化推荐系统时, 自然地使用长方形矩阵. 考虑矩阵 $X \in \mathbb{R}^{n \times m}$. 如果存在两个向量 $\boldsymbol{u} \in \mathbb{R}^n, \boldsymbol{v} \in \mathbb{R}^m$, 使得

$$X^{\mathrm{T}}\boldsymbol{u} = \sigma \boldsymbol{v}, \quad X\boldsymbol{v} = \sigma \boldsymbol{u}$$

则非负数 $\sigma \in \mathbb{R}_+$ 称为 X 的奇异值（singular value）. 向量 $\boldsymbol{u}, \boldsymbol{v}$ 分别称为左奇异向量和右奇异向量（singular vector）. 非零的奇异值为矩阵 XX^{T}（和 $X^{\mathrm{T}}X$）特征值的平方根. 矩阵 X 可写为

$$X = U\Sigma V^{\mathrm{T}}, \quad U \in \mathbb{R}^{n \times \rho}, \quad V^{\mathrm{T}} \in \mathbb{R}^{\rho \times m}$$

其中 $\rho = \min\{n, m\}$，矩阵 U 为 X 左奇异向量构成的一个正交基，矩阵 V 为 X 右奇异向量构成的一个正交基. 这一形式称为 X 的奇异值分解（Singular Value Decomposition, SVD）.

X 的非零奇异值的个数称为秩（rank），记为 $k \leqslant \rho$. X 的核范数（nuclear norm）定义为其奇异值的 ℓ_1 范数，并记为

$$\|X\|_* = \sum_{i=1}^{\rho} \sigma_i$$

可以证明（参见习题）核范数等于矩阵与其自身转置乘积平方根的迹，即

$$\|X\|_* = \mathrm{Tr}\left(\sqrt{X^{\mathrm{T}}X}\right)$$

记 $A \bullet B$ 为 $\mathbb{R}^{n \times m}$ 中两个矩阵的内积，即

$$A \bullet B = \sum_{i=1}^{n}\sum_{j=1}^{m} A_{ij}B_{ij} = \mathrm{Tr}\left(AB^{\mathrm{T}}\right)$$

7.2 动机: 矩阵补全与推荐系统

随着互联网的出现和在线媒体商店的兴起，媒体的推荐发生了非常显著的变化. 收集得到的大量可以有效地进行聚类并准确地预测用户对各种媒体的偏好. 一个著名的例子就是所谓的 "Netflix 挑战"—— 一个利用用户影视偏好大数据构造的自动推荐工具.

正如 Netflix 竞争所证明的，一个非常成功的自动推荐系统方法为矩阵补全方法. 下面给出这一问题的一个简化版本.

全部的用户–媒体偏好对数据集被认为是部分观测到的矩阵. 故每一个人都被表示为矩阵中的一行, 每一列表示一个媒体条目（影视作品）. 为简单起见, 将观察到的结果看作是二进制数据——一个人要么喜欢, 要么不喜欢某特定的影视作品. 因此, 可以得到一个矩阵 $M \in \{0, 1, *\}^{n \times m}$, 其中 n 为被考虑的人数, m 为库中影视作品的数量, 0、1 和 $*$ 分别表示"不喜欢""喜欢"和"未知":

$$M_{ij} = \begin{cases} 0, & \text{用户 } i \text{ 不喜欢影视作品 } j \\ 1, & \text{用户 } i \text{ 喜欢影视作品 } j \\ *, & \text{偏好未知} \end{cases}$$

一个天然的目标是补全矩阵, 也即为未知的位置正确地附加 0 或 1. 按照到目前为止的定义, 该问题是病态的, 因为任何补全结果都是同样地好（或坏）, 且对补全过程没有任何限制.

对补全的一般限制是"真"值矩阵是低秩的. 注意到一个矩阵 $X \in \mathbb{R}^{n \times m}$ 的秩为 $k < \rho = \min\{n, m\}$ 的充要条件是它可以写为

$$X = UV, \quad U \in \mathbb{R}^{n \times k}, \quad V \in \mathbb{R}^{k \times m}$$

对这一性质的直观解释是, 矩阵 M 中每一个位置的元素可以仅使用 k 个数字进行解释. 在矩阵补全问题中的直观含义为, 只有 k 个因素决定了一个人对影视作品的偏好, 例如题材、导演、演员等.

现在, 简化的矩阵补全问题可被良好地形式化为如下的数学规划问题. 用 $\|\cdot\|_{OB}$ 表示仅基于 M 中观察到的（非星标）元素的欧氏范数, 也即

$$\|X\|_{OB}^2 = \sum_{M_{ij} \neq *} X_{ij}^2$$

矩阵补全问题的数学规划问题为

$$\min_{X\in\mathbb{R}^{n\times m}} \frac{1}{2}\|X-M\|_{OB}^2$$
$$\text{使得} \quad 秩(X) \leqslant k$$

由于对一个矩阵秩的约束是非凸的, 考虑对核范数定义的有关秩的约束进行松弛替换是标准的做法. 若奇异值的界是 1, 核范数就是矩阵秩的一个下界（参见习题）. 因此, 可以得到矩阵补全问题的下列凸规划问题:

$$\min_{X\in\mathbb{R}^{n\times m}} \frac{1}{2}\|X-M\|_{OB}^2 \tag{7.1}$$
$$\text{使得} \quad \|X\|_* \leqslant k$$

下面考虑求解这一凸优化问题的算法.

7.3 条件梯度法

在本节中, 我们回到基本的凸优化问题—— 第 2 章中研究的在凸区域上最小化一个凸函数.

条件梯度（Conditional Gradient, CG）法或 Frank-Wolfe 算法为一个在凸集 $\mathcal{K} \subseteq \mathbb{R}^n$ 上最小化光滑凸函数 f 的简单算法. 使用这一方法的原因是它是一个一阶内点法——其所有迭代都是在凸集内的, 因此不需要投影, 且每次迭代中的更新步只是简单地需要在这个集合上最小化一个线性目标函数. 这一基本方法在算法 22 中给出.

注意到在 CG 算法中, 对 $\boldsymbol{x}_t$ 的迭代更新可能并不在梯度的方向上, 因为 $\boldsymbol{v}_t$ 为一个在负梯度方向上的线性优化过程. 图 7.1 对此进行了描述.

算法 22 条件梯度算法

1: 输入: 步长 $\{\eta_t \in (0,1], t \in [T]\}$, 初始点 $\boldsymbol{x}_1 \in \mathcal{K}$.

2: **for** $t = 1$ 到 T **do**

3: $\quad \boldsymbol{v}_t \leftarrow \arg\min_{\boldsymbol{x} \in \mathcal{K}} \{\boldsymbol{x}^{\mathrm{T}} \nabla f(\boldsymbol{x}_t)\}$.

4: $\quad \boldsymbol{x}_{t+1} \leftarrow \boldsymbol{x}_t + \eta_t(\boldsymbol{v}_t - \boldsymbol{x}_t)$.

5: **end for**

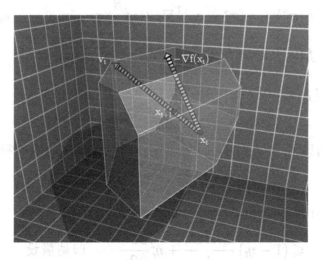

图 7.1 条件梯度法处理过程中的方向

下面的定理保证了对光滑函数来说该算法的性能在本质上是紧的. 回顾第 2 章中的记号: $\boldsymbol{x}^\star$ 为 f 在 $\mathcal{K}$ 上的全局最小值点, D 表示集合 $\mathcal{K}$ 的直径, $h_t = f(\boldsymbol{x}_t) - f(\boldsymbol{x}^\star)$ 表示在迭代 t 目标函数的次优值.

定理 7.1 将 CG 算法应用于 β 光滑函数, 步长为 $\eta_t = \min\left\{1, \dfrac{2H}{t}\right\}$, $H \geqslant \max\{1, h_1\}$, 则可得到下面的收敛性:

$$h_t \leqslant \frac{2\beta HD^2}{t}$$

证明　正如本书前面所述, 记 $\nabla_t = \nabla f(\boldsymbol{x}_t)$, 并记 $H \geqslant \max\{h_1, 1\}$, 使得 $\eta_t = \min\left\{1, \dfrac{2H}{t}\right\}$. 对任意步长, 有

$$
\begin{aligned}
f(\boldsymbol{x}_{t+1}) - f(\boldsymbol{x}^\star) &= f(\boldsymbol{x}_t + \eta_t(\boldsymbol{v}_t - \boldsymbol{x}_t)) - f(\boldsymbol{x}^\star) \\
&\leqslant f(\boldsymbol{x}_t) - f(\boldsymbol{x}^\star) + \eta_t(\boldsymbol{v}_t - \boldsymbol{x}_t)^\mathrm{T}\nabla_t + \eta_t^2\frac{\beta}{2}\|\boldsymbol{v}_t - \boldsymbol{x}_t\|^2 \qquad \beta\ \text{光滑} \\
&\leqslant f(\boldsymbol{x}_t) - f(\boldsymbol{x}^\star) + \eta_t(\boldsymbol{x}^\star - \boldsymbol{x}_t)^\mathrm{T}\nabla_t + \eta_t^2\frac{\beta}{2}\|\boldsymbol{v}_t - \boldsymbol{x}_t\|^2 \qquad \boldsymbol{v}_t\ \text{是最优的} \\
&\leqslant f(\boldsymbol{x}_t) - f(\boldsymbol{x}^\star) + \eta_t(f(\boldsymbol{x}^\star) - f(\boldsymbol{x}_t)) + \eta_t^2\frac{\beta}{2}\|\boldsymbol{v}_t - \boldsymbol{x}_t\|^2 \qquad f\ \text{的凸性} \\
&\leqslant (1 - \eta_t)(f(\boldsymbol{x}_t) - f(\boldsymbol{x}^\star)) + \frac{\eta_t^2\beta}{2}D^2 \qquad\qquad\qquad (7.2)
\end{aligned}
$$

由此得到归纳结果 $h_{t+1} \leqslant (1 - \eta_t)h_t + \eta_t^2\dfrac{\beta D^2}{2}$, 根据归纳法可得

$$
\begin{aligned}
h_{t+1} &\leqslant (1 - \eta_t)h_t + \eta_t^2\frac{\beta D^2}{2} \\
&\leqslant (1 - \eta_t)\frac{2\beta HD^2}{t} + \eta_t^2\frac{\beta D^2}{2} \qquad\quad \text{归纳假设} \\
&\leqslant \left(1 - \frac{2H}{t}\right)\frac{2\beta HD^2}{t} + \frac{4H^2}{t^2}\frac{\beta D^2}{2} \qquad \eta_t\ \text{的取值} \\
&= \frac{2\beta HD^2}{t} - \frac{2H^2\beta D^2}{t^2} \\
&\leqslant \frac{2\beta HD^2}{t}\left(1 - \frac{1}{t}\right) \qquad\qquad \text{因为}\ H \geqslant 1 \\
&\leqslant \frac{2\beta HD^2}{t+1} \qquad\quad \frac{t-1}{t} \leqslant \frac{t}{t+1}
\end{aligned}
$$

$\square$

例子: 使用 CG 方法的矩阵补全

作为条件梯度算法的一个例子, 回顾式 (7.1) 中给出的数学规划问题. 目标函数在点 X^t 处的梯度为

$$\nabla f\left(X^t\right) = \left(X^t - M\right)_{OB} = \begin{cases} X_{ij}^t - M_{ij}, & (i,j) \in OB \\ 0, & \text{其他情形} \end{cases} \tag{7.3}$$

对核范数有界的矩阵集合, 算法 22 第 3 行中的线性优化化为

$$\min X \bullet \nabla_t, \qquad \nabla_t = \nabla f(X_t)$$
$$\text{使得} \quad \|X\|_* \leqslant \sqrt{k}$$

为简单起见, 考虑方形对称矩阵, 其核范数等价于迹范数, 则上面的优化问题变为

$$\min X \bullet \nabla_t$$
$$\text{使得} \quad \mathrm{Tr}\,(X) \leqslant k$$

可以证明这一规划问题等价于 (参见习题):

$$\min_{\boldsymbol{x} \in \mathbb{R}^n} \boldsymbol{x}^{\mathrm{T}} \nabla_t \boldsymbol{x}$$
$$\text{使得} \quad \|X\|_2^2 \leqslant k$$

因此, 这是一个伪装的特征向量的计算问题! 使用幂法计算矩阵最大特征向量需要线性时间复杂度, 这一方法也可用于更为一般的求矩形矩阵的最大奇异值问题. 利用这一方法, 算法 22 第 3 步在数学规划问题 (7.1) 的意义下可以化为计算 $v_{\max}\left(-\nabla f\left(X^t\right)\right)$, 即 $-\nabla f\left(X^t\right)$ 的最大特征向量问题. 算法 22 的改进形式在算法 23 中给出.

算法 23   矩阵补全问题中的条件梯度法

1: 令 X^1 为 $\mathcal{K}$ 中迹是 k 的任意矩阵.

2: **for** $t = 1$ 到 T **do**

3:      $\boldsymbol{v}_t = \sqrt{k} \cdot v_{\max}(-\nabla_t)$.

4:      对 $\eta_t \in (0,1)$, $X^{t+1} = X^t + \eta_t \left(\boldsymbol{v}_t \boldsymbol{v}_t^{\mathrm{T}} - X^t \right)$.

5: **end for**

与其他基于梯度的方法的对比.   在求解相同的矩阵补全问题时, 这一方法与前面的凸优化方法相比性能如何呢? 作为凸规划, 可以使用梯度下降算法, 或在此设定下更有利地使用 3.4 节中介绍的随机梯度下降法. 回顾在点 X^t 处目标函数的梯度为简单形式 (7.3). 对梯度的一个随机估计可以通过仅观察矩阵 M 的一个元素得到, 且在梯度估计是稀疏时, 其更新有常数时间复杂度. 但投影步则明显比较困难.

在这一设定下, 凸集 $\mathcal{K}$ 为核范数有界的矩阵集合. 将一个矩阵向这一集合投影可以通过计算矩阵的 SVD 得到, 其计算复杂度与矩阵对角化或矩阵求逆相似. 已知最好的矩阵对角化方法的时间复杂度是矩阵大小的超线性函数, 因此对在应用中较为常见的较大的数据集, 这一方法是不实用的.

与此相反, CG 算法根本不需要进行投影, 而代之以在凸集上的线性优化步, 我们已经看到该方法可以归结为奇异值向量的计算问题. 后一种方法可以用幂法（或 Lanczos 算法, 参见文献）使用线性时间得到.

因此, 条件梯度算法使得式 (7.1) 中的数学规划在每次迭代时使用线性时间进行优化（使用幂法求特征向量）, 而不是使用梯度下降法中需要的代价明显高昂的计算（求 SVD）.

7.4 投影与线性优化

前述条件梯度（Frank-Wolfe）算法并不使用投影, 而计算形如

$$\arg\min_{\boldsymbol{x}\in\mathcal{K}}\left\{\boldsymbol{x}^{\mathrm{T}}\boldsymbol{u}\right\} \tag{7.4}$$

的线性优化问题. 何时能在计算上更倾向于 CG 算法呢? 一个迭代优化算法的
总的计算复杂度为迭代的次数乘以每次迭代的计算量. CG 方法的收敛性并不
与非常有效的梯度下降算法类似, 这就意味着需要更多的迭代, 以得到足够精度
水平的解. 但是, 在很多有意思的场景中, 线性优化步 (7.4) 的计算成本比投影
步的成本显著降低.

下面给出一些有非常有效的线性优化算法的例子, 它们在使用计算投影最
高水平的方法时会显著变慢.

推荐系统与矩阵预测. 在前面章节给出的矩阵补全例子中, 已知的投影到谱多
面体（spectrahedron）上的算法, 或更一般的到有界核范数球上的投影, 需要使
用奇异值分解方法, 该方法已知最好的时间复杂度是超线性的. 与此相反, CG
方法需要计算极大化特征向量, 它可以使用幂法（或更为准确地说是 Lanczos
算法）, 在线性时间复杂度下求得.

网络路由与凸图问题. 不同的路由和图问题可被模型化为在一个称为流多面体
的凸集上的凸优化问题.

考虑一个有 m 条边的有向无圈图（directed acyclic graph）, 源结点标记
为 s, 目标结点标记为 t. 图中每一条从 s 到 t 的路径可被表示为其识别向量
（identifying vector）, 即一个 $\{0,1\}^m$ 中的向量, 如果路径中有某元素对应的边,
则该元素的值被设置为 1. 如果假设每一条边都有单位流容量（此处将一个流表

示为一个 $\mathbb{R}^n$ 中的向量, 其每一个元素为一个对应边上的流量), 则这一多面体也恰好为图中所有的单位 $s\text{-}t$ 流.

由于流多面体是图中 $s\text{-}t$ 路径的凸包, 在其上极小化一个线性目标函数可以归结为在给定权重的边中寻找一个权重最小的路径. 对于最短路问题, 存在非常有效的组合优化算法, 称为 Dijkstra 算法.

因此, 在流多面体上使用 CG 算法求解 任意凸优化问题将仅需要迭代最短路的计算.

排序与置换. 一种常见的用来表示置换或顺序的方法是使用置换矩阵（permutation matrix）. 它是一个在集合 $\{0,1\}^{n \times n}$ 中的方形矩阵, 其每一行和每一列恰有一个 1 元素.

双随机矩阵（doubly-stochastic matrix）是方形、非负实值的矩阵, 其每一行与每一列上元素的和都为 1. 由所有双随机矩阵定义的多面体称为伯克霍夫–冯·诺伊曼（BVN）多面体. 伯克霍夫–冯·诺伊曼定理表明, 这一多面体恰是所有 $n \times n$ 置换矩阵的凸包.

由于一个置换矩阵就对应于一个完全连通的二部图中的完全匹配, 因此该多面体上的线性最小化问题对应于找到二部图中的最小权完全匹配问题.

考虑在伯克霍夫–冯·诺伊曼多面体上的一个凸优化问题. CG 算法将不断地在 BVN 多面体上求解一个线性优化问题, 即迭代求解一个二部图中的最小权完全匹配问题, 在组合优化的研究中对这一问题进行了深入的研究, 并已知其有效的算法. 与此相反, 其他基于梯度的方法将需要投影, 它为 BVN 多面体上的二次优化问题.

拟阵多面体. 一个拟阵为一个对 (E, I), 其中 E 为一个元素的集合, I 为 E 的一

个子集, 该集合称为无关集, 它满足不少有趣的性质, 并将向量空间中的线性无关性进行了重新组合. 拟阵在组合优化领域中已经被深入地研究过, 一个有关拟阵的关键例子是图的拟阵问题, 其中集合 E 为一个给定图的边集合, 集合 I 为 E 的所有无圈子集. 此时, I 包含所有图的生成树. 子集 $S \in I$ 可以用 $\{0,1\}^{|E|}$ 中的识别向量表示, 它也在拟阵多面体中被提出, 是 I 中所有识别向量的凸包. 可以证明拟阵多面体需使用指数个线性不等式（以 $|E|$ 为指数）定义, 这使得在它们上求解优化问题变得非常困难.

另一方面, 在拟阵多面体上的线性优化容易使用简单的贪婪算法求解, 该方法执行的复杂度是次线性的. 因此, CG 方法作为一种有效的算法, 只需一个简单的贪婪过程就可以迭代求解拟阵上的凸优化问题.

7.5 在线条件梯度算法

本节对 OCO 问题给出了一个基于条件梯度法的无投影算法, 该方法中没有使用投影方法, 因此它将 CG 算法在计算上的优势带入在线的设定中.

将 CG 方法直接应用于 OCO 设定中的在线表现函数（例如 3.1 节中的 OGD 算法）显然是非常诱人的. 但是, 可以证明仅考虑了代价函数的结果注定是失败的. 其原因在于, 条件梯度算法使用梯度的方向, 对其大小不敏感.

所以, 将 CG 算法步应用于前面所有迭代步代价函数的和并附加一个欧氏正则化项. 最终得到的算法在算法 24 中形式化地给出.

可以证明该算法有如下的遗憾界. 与前面给出的上界相比, 尽管这个遗憾的界是次优的, 但其次优性由算法的低计算复杂度进行了补偿.

算法 24　　在线条件梯度法

1: 输入: 凸集 $\mathcal{K}$, T, $\boldsymbol{x}_1 \in \mathcal{K}$, 参数 η, $\{\sigma_t\}$.

2: **for** $t = 1, 2, \cdots, T$ **do**

3:　　　执行 $\boldsymbol{x}_t$ 并考查 f_t.

4:　　　令 $F_t(\boldsymbol{x}) = \eta \sum_{\tau=1}^{t-1} \nabla_\tau^{\mathrm{T}} \boldsymbol{x} + \|\boldsymbol{x} - \boldsymbol{x}_1\|^2$.

5:　　　计算 $\boldsymbol{v}_t = \arg\min_{\boldsymbol{x} \in \mathcal{K}} \{\nabla F_t(\boldsymbol{x}_t) \cdot \boldsymbol{x}\}$.

6:　　　令 $\boldsymbol{x}_{t+1} = (1 - \sigma_t)\boldsymbol{x}_t + \sigma_t \boldsymbol{v}_t$.

7: **end for**

定理 7.2　　参数为 $\eta = \dfrac{D}{2GT^{3/4}}$, $\sigma_t = \min\left\{1, \dfrac{2}{t^{1/2}}\right\}$ 的在线条件梯度算法（算法 24）可以保证得到如下的界:

$$\text{遗憾}_T = \sum_{t=1}^{T} f_t(\boldsymbol{x}_t) - \min_{\boldsymbol{x}^\star \in \mathcal{K}} \sum_{t=1}^{T} f_t(\boldsymbol{x}^\star) \leqslant 8DGT^{3/4}$$

作为算法 24 分析中的第一步, 考虑点

$$\boldsymbol{x}_t^\star = \arg\min_{\boldsymbol{x} \in \mathcal{K}} F_t(\boldsymbol{x})$$

它恰好是第 5 章 RFTL 算法的迭代, 也即使用 $R(\boldsymbol{x}) = \|\boldsymbol{x} - \boldsymbol{x}_1\|^2$ 进行正则化的算法 10, 在代价函数上附加一个偏移, 即

$$\tilde{f}_t = f_t(\boldsymbol{x} + (\boldsymbol{x}_t^\star - \boldsymbol{x}_t))$$

其原因在于在算法 24 中, ∇_t 为 $\nabla f_t(\boldsymbol{x}_t)$, 而在 RFTL 算法中有 $\nabla_t = \nabla f_t(\boldsymbol{x}_t^\star)$. 注意到对任意点 $\boldsymbol{x} \in \mathcal{K}$, 有 $\left| f_t(\boldsymbol{x}) - \tilde{f}_t(\boldsymbol{x}) \right| \leqslant G\|\boldsymbol{x}_t - \boldsymbol{x}_t^\star\|$. 因此, 根据定理 5.2, 有

$$\sum_{t=1}^{T} f_t\left(\boldsymbol{x}_t^\star\right) - \sum_{t=1}^{T} f_t\left(\boldsymbol{x}^\star\right)$$

$$\leqslant 2G \sum_t \left\|\boldsymbol{x}_t - \boldsymbol{x}_t^\star\right\| + \sum_{t=1}^{T} \tilde{f}_t\left(\boldsymbol{x}_t^\star\right) - \sum_{t=1}^{T} \tilde{f}_t\left(\boldsymbol{x}^\star\right)$$

$$\leqslant 2G \sum_t \left\|\boldsymbol{x}_t - \boldsymbol{x}_t^\star\right\| + 2\eta G T + \frac{1}{\eta} D \qquad (7.5)$$

使用前面的记号, 记 $h_t(\boldsymbol{x}) = F_t(\boldsymbol{x}) - F_t(\boldsymbol{x}_t^\star)$, 且 $h_t = h_t(\boldsymbol{x}_t)$. 继续证明之前需要证明如下的主要引理, 它将迭代点 $\boldsymbol{x}_t$ 与最优值点通过聚合函数 F_t 进行了关联.

引理 7.3 设选择的参数 η, σ_t 使得 $\eta G \sqrt{h_{t+1}} \leqslant \dfrac{D^2}{2} \sigma_t^2$, 则算法 24 中的迭代点 $\boldsymbol{x}_t$ 对所有 $t \geqslant 1$ 满足

$$h_t \leqslant 2D^2 \sigma_t$$

证明 当函数 F_t 为 1 光滑时, 应用离线 Frank-Wolfe 分析技巧, 并特别将式 (7.2) 应用于函数 F_t 可得:

$$h_t\left(\boldsymbol{x}_{t+1}\right) = F_t\left(\boldsymbol{x}_{t+1}\right) - F_t\left(\boldsymbol{x}_t^\star\right)$$

$$\leqslant \left(1 - \sigma_t\right)\left(F_t\left(\boldsymbol{x}_t\right) - F_t\left(\boldsymbol{x}_t^\star\right)\right) + \frac{D^2}{2} \sigma_t^2 \qquad \text{方程 (7.2)}$$

$$\leqslant \left(1 - \sigma_t\right) h_t + \frac{D^2}{2} \sigma_t^2$$

此外, 根据 F_t 和 h_t 的定义, 有

$$h_{t+1} = F_t\left(\boldsymbol{x}_{t+1}\right) - F_t\left(\boldsymbol{x}_{t+1}^\star\right) + \eta \nabla_{t+1}\left(\boldsymbol{x}_{t+1} - \boldsymbol{x}_{t+1}^\star\right)$$

$$\leqslant h_t\left(\boldsymbol{x}_{t+1}^\star\right) + \eta \nabla_{t+1}\left(\boldsymbol{x}_{t+1} - \boldsymbol{x}_{t+1}^\star\right) \qquad\quad F_t\left(\boldsymbol{x}_t^\star\right) \leqslant F_t\left(\boldsymbol{x}_{t+1}^\star\right)$$

$$\leqslant h_t\left(\boldsymbol{x}_{t+1}\right) + \eta G \left\|\boldsymbol{x}_{t+1} - \boldsymbol{x}_{t+1}^\star\right\| \qquad\qquad \text{Cauchy-Schwartz}$$

由于 F_t 为 1 强凸的, 故有

$$\left\| \boldsymbol{x} - \boldsymbol{x}_t^\star \right\|^2 \leqslant F_t\left(\boldsymbol{x}\right) - F_t\left(\boldsymbol{x}_t^\star\right)$$

因此,

$$h_{t+1} \leqslant h_t\left(\boldsymbol{x}_{t+1}\right) + \eta G\left\| \boldsymbol{x}_{t+1} - \boldsymbol{x}_{t+1}^\star \right\|$$
$$\leqslant h_t\left(\boldsymbol{x}_{t+1}\right) + \eta G\sqrt{h_{t+1}}$$

由上式可得归纳步:

$$h_{t+1} \leqslant h_t\left(1 - \sigma_t\right) + \frac{D^2}{2}\sigma_t^2 + \eta G\sqrt{h_{t+1}}$$
$$\leqslant h_t\left(1 - \sigma_t\right) + D^2\sigma_t^2. \qquad \text{因为 } \eta G\sqrt{h_{t+1}} \leqslant \frac{D^2}{2}\sigma_t^2$$

现在用归纳法说明定理的结论. 其基本归纳是成立的, 因为在 $t = 1$ 时, F_1 的定义蕴含着

$$h_1 = F_1\left(\boldsymbol{x}_1\right) - F_1\left(\boldsymbol{x}^\star\right) = \left\| \boldsymbol{x}_1 - \boldsymbol{x}^\star \right\|^2 \leqslant D^2 \leqslant 2D^2\sigma_1$$

设界在 t 时是成立的, 下面证明对 $t+1$ 它也是成立的:

$$h_{t+1} \leqslant h_t\left(1 - \sigma_t\right) + D^2\sigma_t^2$$
$$\leqslant 2D^2\sigma_t\left(1 - \sigma_t\right) + D^2\sigma_t^2$$
$$= 2D^2\sigma_t\left(1 - \frac{\sigma_t}{2}\right)$$
$$\leqslant 2D^2\sigma_{t+1}$$

这就是需要的结论. 最后一个不等式是由 σ_t 的定义得到的（参见习题）.　　□

得到这一引理的目的是证明前面的定理:

定理 7.2 的证明　由定义, 函数 F_t 为 1 强凸的. 因此, 对 $\boldsymbol{x}_t^\star = \arg\min_{\boldsymbol{x}\in\mathcal{K}} F_t(\boldsymbol{x})$ 有:

$$\|\boldsymbol{x} - \boldsymbol{x}_t^\star\| \leqslant F_t(\boldsymbol{x}) - F_t(\boldsymbol{x}_t^\star)$$

因此,

$$
\begin{aligned}
f_t(\boldsymbol{x}_t) - f_t(\boldsymbol{x}_t^\star) &\leqslant G\|\boldsymbol{x}_t - \boldsymbol{x}_t^\star\| \\
&\leqslant G\sqrt{F_t(\boldsymbol{x}_t) - F_t(\boldsymbol{x}_t^\star)} \\
&\leqslant 2GD\sqrt{\sigma_t} \qquad \text{引理 7.3}
\end{aligned}
\tag{7.6}
$$

将所有内容整理在一起可得:

$$
\begin{aligned}
\text{遗憾}_T(OCG) &= \sum_{t=1}^T f_t(\boldsymbol{x}_t) - \sum_{t=1}^T f_t(\boldsymbol{x}^\star) \\
&= \sum_{t=1}^T [f_t(\boldsymbol{x}_t) - f_t(\boldsymbol{x}_t^\star) + f_t(\boldsymbol{x}_t^\star) - f_t(\boldsymbol{x}^\star)] \\
&\leqslant \sum_{t=1}^T 2GD\sqrt{\sigma_t} + \sum_t [f_t(\boldsymbol{x}_t^\star) - f_t(\boldsymbol{x}^\star)] \qquad \text{由式 (7.6)} \\
&\leqslant 4GDG^{3/4} + \sum_t [f_t(\boldsymbol{x}_t^\star) - f_t(\boldsymbol{x}^\star)] \\
&\leqslant 4GDG^{3/4} + 2G\sum_t \|\boldsymbol{x}_t - \boldsymbol{x}_t^\star\| + 2\eta GT + \frac{1}{\eta}D \qquad \text{由式 (7.5)}
\end{aligned}
$$

令 $\eta = \dfrac{D}{2GT^{3/4}}$, 注意到它满足引理 7.3 的要求 $\eta G\sqrt{h_{t+1}} \leqslant \dfrac{D^2}{2}\sigma_t^2$. 此外, 在 T 足够大时, $\eta < 1$. 由此得到:

$$\text{遗憾}_T(OCG) \leqslant 4GDT^{3/4} + 2\eta G^2 T + \frac{D^2}{\eta}$$

$$\leqslant 4GDT^{3/4} + DGT^{1/4} + 2DGT^{3/4} \leqslant 8DGT^{3/4}$$

$\Box$

7.6 习题

1. 证明: 若奇异值小于或等于 1, 则核范数为矩阵秩的下界. 即证明

$$\mathrm{rank}\,(X) \geqslant \|X\|_*$$

2. 证明迹与核范数之间的关系为

$$\|X\|_* = \mathrm{Tr}\left(\sqrt{XX^{\mathrm{T}}}\right) = \mathrm{Tr}\left(\sqrt{X^{\mathrm{T}}X}\right)$$

3. 证明在谱多面体上最小化一个线性函数的问题等价于最大特征向量的计算问题. 也即证明下面的数学规划问题:

$$\min X \bullet C$$

$$X \in S_d = \left\{X \in \mathbb{R}^{d \times d}, X \succcurlyeq 0, \mathrm{Tr}\,(X) \leqslant 1\right\}$$

等价于下面的问题:

$$\min_{x \in \mathbb{R}^d} \boldsymbol{x}^{\mathrm{T}} C \boldsymbol{x}$$

$$\text{使得 } \|\boldsymbol{x}\|_2 \leqslant 1$$

4. 证明对任意 $c \in [0,1]$ 及 $\sigma_t = \dfrac{2}{t^c}$, 下式成立:

$$\sigma_t \left(1 - \frac{\sigma_t}{2}\right) \leqslant \sigma_{t+1}$$

5. 从网络上下载 MovieLens 数据库. 实现一个使用矩阵补全模型的在线推荐算法: 实现矩阵补全问题的 OCG 和 OGD 算法. 评估你的结果.

7.7　文献点评

矩阵补全问题是非常常见的，因为它出现在与推荐系统有关的文献 [26, 70, 88, 94, 101, 103] 中.

条件梯度算法在 Frank 和 Wolfe 的研讨会文章 [43] 中给出. 由于 FW 算法可应用于大规模的带约束问题，它成为最近的机器学习应用中的一个可选方法，此处给出这些文献中的一小部分: [61, 69, 60, 39, 50, 58, 98, 16, 104, 46, 47, 18].

在线条件梯度算法是在 [58] 中给出的. 对多面体集合上的特殊情形, [47] 给出了一个能够达到 $O\left(\sqrt{T}\right)$ 界的最优遗憾算法.

第 8 章 博弈、对偶性和遗憾

本章将到此为止已经收集的资料与优化和博弈论中一些有意思的概念联系起来. 将用到已经存在的 OCO 算法证明凸对偶性（duality）及冯·诺伊曼最小最大定理（minimax theorem）.

从历史上看, 博弈论是在 20 世纪 30 年代早期由冯·诺伊曼揭示的, 它是与 10 年后丹齐格揭示的线性规划（Linear Programming, LP）问题独立进行的. 丹齐格在回忆录中描述了他与冯·诺伊曼在普林斯顿的一次会面, 其间冯·诺伊曼本质上形式化并证明了线性规划的对偶性. 当时, 并未在零和博弈中讨论平衡点（equilibrium）的存在性和唯一性, 这一结论被归结为最小最大定理. 所有原始的概念都使用非常不同的数学技术进行了归结和证明: 最小最大定理开始是使用拓扑学中的机制进行证明的, 而线性规划的对偶性则是使用凸性和几何的工具证明的.

半个多世纪之后, Freund 和 Schapire 将后来被认为有较强关联的所有概念归结到最小化遗憾值的问题上. 本章将沿着他们的指引, 介绍相关的概念并用本书前面开发的机制给出简洁的证明.

对线性规划具备基本了解且有一点或没有博弈论知识即可阅读本章. 本章简单定义了 LP 及零和博弈, 它们仅仅足够证明对偶定理和最小最大定理. 读者可以参考有关线性规划和博弈论的大量精彩文章, 以得到更全面的介绍和定义.

8.1 线性规划和对偶性

线性规划是一个非常成功和实用的凸优化架构. 在其众多的成功中, 有一项是将该方法应用于经济领域中并获得了诺贝尔奖的. 它是当第 2 章中的 $\mathcal{K}$ 为一个多面体（即为半平面相交的有限集合）时凸优化问题的特例, 且其目标函数为一个线性函数. 因此, 一个线性规划可按如下方法描述, 其中（$A \in \mathbb{R}^{n \times m}$）：

$$\min c^{\mathrm{T}} \boldsymbol{x}$$
$$\text{使得} \quad A\boldsymbol{x} \geqslant b$$

上面的公式可以用基本的技巧转化为不同的形式. 例如, 任何 LP 可等价地转换为变量非负的 LP 问题. 这可通过将每一个变量 x 写为 $x = x^+ - x^-$ 得到, 其中 $x^+, x^- \geqslant 0$. 可以验证, 这一变换得到了另外一个 LP, 其变量为非负的, 且变量的个数最多为原来的两倍（细节参见习题部分）.

现在可以定义 LP 问题中的核心记号并给出对偶定理.

定理 8.1（对偶定理） 给定一个线性规划问题：

$$\min c^{\mathrm{T}} \boldsymbol{x}$$
$$\text{使得} \quad A\boldsymbol{x} \geqslant b$$
$$\boldsymbol{x} \geqslant 0$$

其对偶问题定义为：

$$\max b^{\mathrm{T}} \boldsymbol{y}$$
$$\text{使得} \quad A^{\mathrm{T}} \boldsymbol{y} \leqslant c$$
$$\boldsymbol{y} \geqslant 0$$

则这两个问题的目标函数要么相等, 要么无界.

8.2 零和博弈与均衡

博弈论, 特别是零和博弈为一个在经济学领域中有显著应用的理论. 此处给出本章中研究的主要概念的简单定义.

从一个众所周知的简单零和博弈例子——石头、剪子、布游戏开始. 在这一博弈中, 两个参与者可以选择的策略为: 石头、剪子或者布. 胜负的确定是按照表 8.1 给出的, 其中 0 表示平手, –1 表示行对应的参与者胜利, 1 表示列对应的参与者胜利.

表 8.1　用矩阵表示的零和博弈的例子

—	剪子	布	石头
石头	–1	1	0
布	1	0	–1
剪子	0	–1	1

石头、剪子、布游戏被称为 "零和" 博弈的原因是, 数字可看作是行表示的参与者的代价（–1 为赢, 1 为输, 0 表示平手）, 此时列表示的参与者代价恰为行表示的参与者代价的负值. 因此博弈过程的每一个输出中, 两个参与者代价的总和总是零.

请注意, 此处将一个参与者称为 "行参与者", 另一个参与者称为 "列参与者", 以便与矩阵表示的代价匹配. 这种矩阵表示可以是非常一般的.

定义 8.2　一个两参与者零和博弈的规范形式可表示为一个矩阵 $A \in [0,1]^{n \times m}$. A_{ij} 表示行参与者选择策略 $i \in [n]$, 列参与者选择策略 $j \in [m]$ 时行参与者的代价, 它等于列参与者的负代价（回报）.

事实上, 代价可以是在 $[0,1]$ 上任意取值的, 在这一概念中最重要的是下面定义的对于缩放和平移一个常数的不变性.

博弈论中的一个核心概念是均衡. 均衡有很多不同的记号. 在两参与者零和博弈中, 一个均衡点为一对策略 $(i,j) \in [n] \times [m]$, 它满足如下的性质: 在列参与者使用策略 j 时, 不存在支配 i 的策略, 即任何其他策略 $k \in [n]$ 都将使行参与者支付更高或相同的代价. 均衡对策略 j 来说也需要对称性质 —— 在行参与者执行策略 i 时, 列参与者不存在其他支配策略.

可以发现, 按照上述方法定义的某些博弈并不均衡, 例如上面给出的石头、剪子、布游戏. 但是, 可以将策略的记号扩展为混合（mixed）策略 —— 在 "纯"策略上的一个分布. 混合策略的代价则是纯策略上分布的期望值. 更为正式地, 若行参与者选择 $\boldsymbol{x} \in \Delta_n$, 列参与者选择 $\boldsymbol{y} \in \Delta_m$, 则行参与者的期望代价（即列参与者期望回报的负值）为:

$$E\left[\text{loss}\right] = \sum_{i \in [n]} \boldsymbol{x}_i \sum_{j \in [m]} \boldsymbol{y}_j A\left(i,j\right) = \boldsymbol{x}^{\mathrm{T}} A \boldsymbol{y}$$

现在将均衡的记号推广到混合策略的情形. 给定一个行策略 $\boldsymbol{x}$, 相应于列策略 $\boldsymbol{y}$, 称其被 $\tilde{\boldsymbol{x}}$ 主导的充要条件是

$$\boldsymbol{x}^{\mathrm{T}} A \boldsymbol{y} > \tilde{\boldsymbol{x}}^{\mathrm{T}} A \boldsymbol{y}$$

称 $\boldsymbol{x}$ 相应于 $\boldsymbol{y}$ 为占优（dominant）的充要条件为没有任何其他混合策略可主导它. 对博弈 A, $(\boldsymbol{x}, \boldsymbol{y})$ 是一个均衡点的充要条件为 $\boldsymbol{x}$ 和 $\boldsymbol{y}$ 相应于对方都是占优的.（对最开始研究的例子, 你能否找到一个均衡点?）

从这个角度上讲, 会产生一些自然的问题: 对一个给定的零和博弈, 是否存在一个均衡点? 它是否唯一? 它能否被有效求得? 对重复进行的策略问题是否

可以自然地达到均衡点?

可以发现, 上述所有问题的答案都是肯定的. 下面将这些问题重新用不同的方法进行整理. 考虑最优行策略, 即一个混合策略 $\boldsymbol{x}$, 使得无论列参与者如何选择, $E\,[\text{loss}]$ 都是最小的. 对行参与者来说, 其最优策略应为:

$$\boldsymbol{x}^\star \in \arg\min_{\boldsymbol{x}\in\Delta_n} \max_{\boldsymbol{y}\in\Delta_m} \boldsymbol{x}^{\mathrm{T}} A \boldsymbol{y}$$

请注意此处使用了记号 $\boldsymbol{x}^\star \in$ 而不是 $\boldsymbol{x}^\star =$, 因为一般来说, 对所有列策略, 最坏情形下代价达到最小值的策略不止一个. 类似地, 对列参与者来说, 其最优策略应为:

$$\boldsymbol{y}^\star \in \arg\max_{\boldsymbol{y}\in\Delta_m} \min_{\boldsymbol{x}\in\Delta_n} \boldsymbol{x}^{\mathrm{T}} A \boldsymbol{y}$$

使用这些策略, 无论列参与者如何选择, 行参与者的代价不会超过

$$\lambda_R = \min_{\boldsymbol{x}\in\Delta_n} \max_{\boldsymbol{y}\in\Delta_m} \boldsymbol{x}^{\mathrm{T}} A \boldsymbol{y} = \max_{\boldsymbol{y}\in\Delta_m} \boldsymbol{x}^{\star\mathrm{T}} A \boldsymbol{y}$$

列参与者的收获至少是

$$\lambda_C = \max_{\boldsymbol{y}\in\Delta_m} \min_{\boldsymbol{x}\in\Delta_n} \boldsymbol{x}^{\mathrm{T}} A \boldsymbol{y} = \min_{\boldsymbol{x}\in\Delta_n} \boldsymbol{x}^{\mathrm{T}} A \boldsymbol{y}^\star$$

利用这些定义, 冯·诺伊曼的著名最小最大定理可表述为:

定理 8.3（冯·诺伊曼最小最大定理）   对任意零和博弈, 有 $\lambda_R = \lambda_C$.

这一定理对前面所有问题给出了肯定的回答. $\lambda^\star = \lambda_R = \lambda_C$ 就称为博弈的价值, 其存在性和唯一性意味着在可取最优集中的任何 $\boldsymbol{x}^\star$ 和 $\boldsymbol{y}^\star$ 都是均衡点.

下面给出一个冯·诺伊曼定理的构造性证明, 它也给出了一个有效的算法及收敛到它的自然重复博弈策略.

冯·诺伊曼定理与 LP 对偶性的等价

冯·诺伊曼定理与线性规划问题的对偶定理在很强的意义下是等价的, 且经过简单的推导, 其中一个就蕴含着另外一个（因此只要证明对偶定理就足以证明冯·诺伊曼定理）.

这一等价性证明的第一部分通过将零和博弈表示为一个原–对偶线性规划问题的实例来完成.

观察一个最优行策略的定义, 其取值等价于如下的 LP 问题:

$$\min \lambda$$
$$使得 \quad \sum \boldsymbol{x}_i = 1$$
$$\forall i \in [m]. \quad \boldsymbol{x}^{\mathrm{T}} A e_i \leqslant \lambda$$
$$\forall i \in [n]. \quad \boldsymbol{x}_i \geqslant 0$$

为证明上述 LP 问题的最优值可以达到 λ_R, 注意到 $\forall i \in [m]$, 约束条件 $\boldsymbol{x}^{\mathrm{T}} A e_i \leqslant \lambda$ 等价于约束条件 $\forall \boldsymbol{y} \in \Delta_m. \quad \boldsymbol{x}^{\mathrm{T}} A \boldsymbol{y} \leqslant \lambda$, 因为:

$$\forall \boldsymbol{y} \in \Delta_m. \quad \boldsymbol{x}^{\mathrm{T}} A \boldsymbol{y} = \sum_{j=1}^{m} \boldsymbol{x}^{\mathrm{T}} A e_j \cdot \boldsymbol{y}_j \leqslant \lambda \sum_{j=1}^{m} \boldsymbol{y}_j = \lambda$$

上述 LP 问题的对偶问题为

$$\max \mu$$
$$使得 \quad \sum \boldsymbol{y}_i = 1$$
$$\forall i \in [n]. \quad e_i^{\mathrm{T}} A \boldsymbol{y} \geqslant \mu$$
$$\forall i \in [m]. \quad \boldsymbol{y}_i \geqslant 0$$

根据类似的讨论, 对偶问题准确地定义了 λ_C 及 $\boldsymbol{y}^\star$. 对偶定理断言 $\lambda_R = \lambda_C = \lambda^\star$, 这就得到了冯·诺伊曼定理.

证明冯·诺伊曼定理蕴含着 LP 对偶性的问题则稍微有些复杂. 但至少, 可以将任何 LP 问题转化为零和博弈的形式. 需要特别关注对原始 LP 问题可行性的保证, 因为零和博弈总是可行的. 这些细节将在本章末尾的习题中考虑.

8.3 冯·诺伊曼定理的证明

本节给出一个使用在线凸优化算法的冯·诺伊曼定理的证明.

该定理的第一部分（在 LP 文献中也被称为弱对偶性）是直接的.

方向 1（$\lambda_R \geqslant \lambda_C$）：

证明

$$
\begin{aligned}
\lambda_R &= \min_{\boldsymbol{x} \in \Delta_n} \max_{\boldsymbol{y} \in \Delta_m} \boldsymbol{x}^{\mathrm{T}} A \boldsymbol{y} \\
&= \max_{\boldsymbol{y} \in \Delta_m} \boldsymbol{x}^{\star\mathrm{T}} A \boldsymbol{y} \qquad\qquad \boldsymbol{x}^{\star} \text{ 的定义} \\
&\geqslant \max_{\boldsymbol{y} \in \Delta_m} \min_{\boldsymbol{x} \in \Delta_n} \boldsymbol{x}^{\mathrm{T}} A \boldsymbol{y} \\
&= \lambda_C
\end{aligned}
$$

$\square$

第二部分是主要的方向, 在 LP 文献中被称为强对偶性, 需要使用在此之前已经证明的有关在线凸优化的算法.

方向 2（$\lambda_R \leqslant \lambda_C$）：

证明 考虑一个重复进行的博弈 A（以前面给出的 $n \times m$ 矩阵来定义）, $t = 1$, $2, \cdots, T$. 以迭代的形式, 行参与者执行混合策略 $\boldsymbol{x}_t \in \Delta_n$, 列参与者执行混合策略 $\boldsymbol{y}_t \in \Delta_m$, 行参与者的代价等于 $\boldsymbol{x}_t^{\mathrm{T}} A \boldsymbol{y}_t$, 等于列参与者的回报.

行参与者使用 OCO 算法生成混合策略 $\boldsymbol{x}_t$, 即使用第 5 章中的指数型梯度算法. 凸决策集为 n 维单形 $\mathcal{K} = \Delta_n = \{\boldsymbol{x} \in \mathbb{R}^n | \boldsymbol{x}(i) \geqslant 0, \sum \boldsymbol{x}(i) = 1\}$. 在时刻 t, 代价函数为

$$f_t(\boldsymbol{x}) = \boldsymbol{x}^{\mathrm{T}} A \boldsymbol{y}_t \qquad (f_t \text{ 相应于 } \boldsymbol{x} \text{ 为线性的})$$

对这一特例, 应用 EG 方法, 我们有

$$\boldsymbol{x}_{t+1}(i) \leftarrow \frac{\boldsymbol{x}_t(i)\, \mathrm{e}^{-\eta A_i \boldsymbol{y}_t}}{\sum_j \boldsymbol{x}_t(j)\, \mathrm{e}^{-\eta A_j \boldsymbol{y}_t}}$$

然后, 通过合理选择 η, 及推论 5.7, 有

$$\sum_t f_t(\boldsymbol{x}_t) \leqslant \min_{\boldsymbol{x}^\star \in \mathcal{K}} \sum_t f_t(\boldsymbol{x}^\star) + \sqrt{2T \log n} \tag{8.1}$$

针对行参与者的策略, 列参与者执行它的最佳响应, 即

$$\boldsymbol{y}_t = \arg\min_{\boldsymbol{y} \in \Delta_m} \boldsymbol{x}_t^{\mathrm{T}} A \boldsymbol{y} \tag{8.2}$$

记平均混合策略为:

$$\overline{\boldsymbol{x}} = \frac{1}{t} \sum_{\tau=1}^{t} \boldsymbol{x}_\tau, \quad \overline{\boldsymbol{y}} = \frac{1}{t} \sum_{\tau=1}^{t} \boldsymbol{y}_\tau$$

则有

$$\begin{aligned}
\lambda_R &= \min_{\boldsymbol{x}} \max_{\boldsymbol{y}} \boldsymbol{x}^{\mathrm{T}} A \boldsymbol{y} \\
&\leqslant \max_{\boldsymbol{y}} \overline{\boldsymbol{x}}^{\mathrm{T}} A \boldsymbol{y} \qquad \text{特殊情形} \\
&= \frac{1}{T} \sum_t \boldsymbol{x}_t A \boldsymbol{y}^\star
\end{aligned}$$

$$\leqslant \frac{1}{T} \sum_t \boldsymbol{x}_t A \boldsymbol{y}_t \qquad \text{由式 (8.2)}$$

$$\leqslant \frac{1}{T} \min_{\boldsymbol{x}} \sum_t \boldsymbol{x}^{\mathrm{T}} A \boldsymbol{y}_t + \sqrt{2\log n/T} \qquad \text{由式 (8.1)}$$

$$= \min_{\boldsymbol{x}} \boldsymbol{x}^{\mathrm{T}} A \overline{\boldsymbol{y}} + \sqrt{2\log n/T}$$

$$\leqslant \max_{\boldsymbol{y}} \min_{\boldsymbol{x}} \boldsymbol{x}^{\mathrm{T}} A \boldsymbol{y} + \sqrt{2\log n/T} \qquad \text{特殊情形}$$

$$= \lambda_C + \sqrt{2\log n/T}$$

因此 $\lambda_R \leqslant \lambda_C + \sqrt{2\log n/T}$. 令 $T \to \infty$, 就得到了定理的第二部分. □

讨论　注意到除基本定义外, 在证明中唯一用到的工具是 OCO 问题低遗憾算法的存在性. 事实上, EG 方法和更为一般的 OCO 算法的遗憾界并没有对代价函数进行限制, 这些代价函数甚至可以是敌对地选择的, 这在证明中是非常关键的. 函数 f_t 的定义是根据 $\boldsymbol{y}_t$ 得来的, $\boldsymbol{y}_t$ 则是基于 $\boldsymbol{x}_t$ 选择的. 因此构造的代价函数是在行参与者选择了策略 $\boldsymbol{x}_t$ 后, 由对手选择得到的.

8.4　近似线性规划

前面章节中的方法不仅证明了最小最大定理（因此得到了线性规划的对偶性）, 而且需要一个求解零和博弈的线性规划问题（根据等价性）的有效算法.

考虑如下简单的算法:

根据前面的推导, 立刻可以得到下面的结论:

引理 8.4　算法 25 返回的向量 $\overline{p}$ 是零和博弈、LP 问题的一个 $\dfrac{\sqrt{2\log n}}{\sqrt{T}}$ 近似解.

算法 25 简单 LP

1: 输入: 使用矩阵 $A \in \mathbb{R}^{n \times m}$, 以零和博弈的形式给出线性规划问题.

2: 令 $\boldsymbol{x}_1 = [1/n, 1/n, \cdots, 1/n]$

3: **for** $t = 1$ 到 T **do**

4:     计算 $\boldsymbol{y}_t = \max_{\boldsymbol{y} \in \Delta_m} \boldsymbol{x}_t^{\mathrm{T}} A \boldsymbol{y}$

5:     更新 $\forall i \,.\, \boldsymbol{x}_{t+1}(i) \leftarrow \dfrac{\boldsymbol{x}_t(i)\, \mathrm{e}^{-\eta A_i \boldsymbol{y}_t}}{\sum_j \boldsymbol{x}_t(j)\, \mathrm{e}^{-\eta A_j \boldsymbol{y}_t}}$

6: **end for**

7: **return** $\overline{\boldsymbol{x}} = \dfrac{1}{T} \sum_{t=1}^{T} \boldsymbol{x}_t$

证明 与前面的推导几乎一样, 有

$$
\begin{aligned}
\max_{\boldsymbol{y}} \overline{\boldsymbol{x}}^{\mathrm{T}} A \boldsymbol{y} &= \frac{1}{T} \sum_t \boldsymbol{x}_t A \boldsymbol{y}^{\star} \\
&\leqslant \frac{1}{T} \sum_t \boldsymbol{x}_t A \boldsymbol{y}_t && \text{由式 (8.2)} \\
&\leqslant \frac{1}{T} \min_{\boldsymbol{x}} \sum_t \boldsymbol{x}^{\mathrm{T}} A \boldsymbol{y}_t + \sqrt{2 \log n / T} && \text{由式 (8.1)} \\
&= \min_{\boldsymbol{x}} \boldsymbol{x}^{\mathrm{T}} A \overline{\boldsymbol{y}} + \sqrt{2 \log n / T} \\
&\leqslant \max_{q} \min_{\boldsymbol{x}} \boldsymbol{x}^{\mathrm{T}} A \boldsymbol{y} + \sqrt{2 \log n / T} && \text{特殊情形} \\
&= \lambda^{\star} + \sqrt{2 \log n / T}
\end{aligned}
$$

因此, 对每一个 $i \in [m]$:

$$
\overline{\boldsymbol{x}}^{\mathrm{T}} A e_i \leqslant \lambda^{\star} + \frac{\sqrt{2 \log n}}{\sqrt{T}}
$$

$\square$

因此, 为得到一个 ε 近似解, 只需使用 $\dfrac{2\log n}{\varepsilon^2}$ 次迭代, 每次迭代都含有一个简单的更新过程.

8.5   习题

1. 证明 Sion 广义最小最大定理的一个特殊情形. 令 $f : X \times Y \mapsto \mathbb{R}$ 为一个 $X \times Y$ 上定义的实值函数, 其中 X, Y 为欧氏空间 $\mathbb{R}^d$ 的有界凸集. 令 f 为凸凹的, 即

(a) 对每一个 $\boldsymbol{y} \in Y$, 函数 $f(\cdot, \boldsymbol{y}) : X \mapsto \mathbb{R}$ 为凸的.

(b) 对每一个 $\boldsymbol{x} \in X$, 函数 $f(\boldsymbol{x}, \cdot) : Y \mapsto \mathbb{R}$ 为凹的.

证明

$$\min_{\boldsymbol{x} \in X} \max_{\boldsymbol{y} \in Y} f(\boldsymbol{x}, \boldsymbol{y}) = \max_{\boldsymbol{y} \in Y} \min_{\boldsymbol{x} \in X} f(\boldsymbol{x}, \boldsymbol{y})$$

2. 阅读 Adler 的论文 [6], 简要说明如何将一个线性规划问题转化为一个零和博弈.

3. 考虑一个在矩阵 A 上重复进行的零和博弈, 其中所有参与者在博弈中都使用线性代价/收获函数, 并根据一个低遗憾算法来修改它们的混合策略. 证明该博弈的均值为由 A 给出的博弈的一个均衡点.

8.6   文献点评

博弈论在 20 世纪 20 年代末 30 年代初被提出, 奠基性的工作是冯·诺伊曼和莫根施特恩的经典著作《博弈和经济行为的理论》[81].

线性规划是数学优化和建模的基本工具, 它可追溯到 20 世纪 40 年代坎托罗维奇 [64] 和丹齐格 [34] 的工作. 线性规划问题的对偶性由冯·诺伊曼引入, 并由丹齐格在一篇综述文章 [8] 中给出.

低遗憾算法和求解零和博弈之间的完美关联是由 Freund 和 Schapire [45] 发现的. 更为一般的关于低遗憾算法收敛到博弈平衡点的关联是由 Hart 和 Mas-Collel 的研究 [51] 及最近的研究 [41, 93] 给出的.

通过简单的拉格朗日松弛技术给出的近似算法是由 Plotkin、Schmoys 和 Tardos [84] 最先给出的. 也请参考文献 [11] 和最近开发出来的次线性时间算法 [30, 59].

第 9 章　学习理论、泛化和 OCO

到现在为止, 在讨论 OCO 的处理时, 仅仅隐式地讨论了学习理论. OCO 架构被证明可以刻画例如在线学习分类器、从专家建议中进行预测和在线投资组合型的应用. 前面已经引入了遗憾指标并给出了在不同设定下最小化遗憾的算法. 也已经探讨过, 对一些在线预测问题, 最小化遗憾是很有意义的方法.

本章将正式且有力地给出 OCO 和学习理论之间的关联. 为给出这些基本的概念, 首先从统计学习理论开始, 然后描述研究的应用问题是如何与书中介绍的这一模型进行关联的. 再次, 将继续证明在 OCO 设定下, 最小化遗憾是如何给出在计算上有效的学习算法的.

9.1　统计学习理论的设定

统计学习理论模型化从例子中学习概念的问题. 一个概念为一个从定义域 $\mathcal{X}$ 到标签 $\mathcal{Y}$ 的映射, 可记为 $C : \mathcal{X} \mapsto \mathcal{Y}$. 例如, 光学字符识别 (Optical Character Recognition, OCR) 中, 定义域 $\mathcal{X}$ 为 8×8 的图像, 标签集 $\mathcal{Y}$ 为拉丁字母, 概念 C 将图像映射为图像表述的字符.

统计理论将学习一个概念的问题通过接收附加标签来得到目标的分布实例对问题进行建模. 学习算法接收一个未知分布的数据对

$$(\boldsymbol{x}, y) \sim \mathcal{D}, \quad \boldsymbol{x} \in \mathcal{X}, y \in \mathcal{Y}$$

其目标是使 y 能作为一个 $\boldsymbol{x}$ 的预测函数, 即**学习**（learn）一个假设, 或者一个从 $\mathcal{X}$ 到 $\mathcal{Y}$ 的映射, 该映射记为 $h : \mathcal{X} \mapsto \mathcal{Y}$, 使得相应于分布 $\mathcal{D}$ 错误数量较少. 当标签集合为二进制时 $\mathcal{Y} = \{0, 1\}$, 或在光学字符识别中被离散化时, 一个假设 h 相应于分布 $\mathcal{D}$ 的泛化误差（generalization error）为

$$\mathrm{error}\,(h) \triangleq \mathop{E}_{(\boldsymbol{x}, y) \sim \mathcal{D}} [h\,(\boldsymbol{x}) \neq y]$$

更为一般地, 其目标为学习一个假设, 使得一个（通常是凸的）代价函数 $\ell : \mathcal{Y} \times \mathcal{Y} \mapsto \mathbb{R}$ 被最小化. 此时该假设的泛化误差被定义为:

$$\mathrm{error}\,(h) \triangleq \mathop{E}_{(\boldsymbol{x}, y) \sim \mathcal{D}} [\ell\,(h\,(\boldsymbol{x}), y)]$$

此后将考虑从服从分布 $\mathcal{D}$ 的样本中进行观察的学习算法 $\mathcal{A}$, 并记 $S \sim \mathcal{D}^m$ 为 m 个样本的集合, $S = \{(\boldsymbol{x}_1, y_1), \cdots, (\boldsymbol{x}_m, y_m)\}$, $\mathcal{A}(S) : \mathcal{X} \mapsto \mathcal{Y}$ 为由这些样本得到的一个假设.

由此, 统计学习的目标可归纳如下:

针对有关某一概念在 $\mathcal{X} \times \mathcal{Y}$ 上服从独立同分布 (i.i.d.) 的样本, 学习假设 $h : \mathcal{X} \mapsto \mathcal{Y}$, 使其对一个给定的代价函数达到任意小的泛化误差.

9.1.1 过拟合

在光学字符识别问题中, 需要从一个以位图（bitmap）形式给出的图像中识别出一个字符. 为将其模型化为一个统计学习模型, 定义域 $\mathcal{X}$ 设定为所有 $n \times n$ 位图文件的集合, 其中 n 为某整数. 标签集 $\mathcal{Y}$ 为拉丁字母, 概念 C 将一个位图映射为一个图像所表示的字符.

考虑一个拟合给定样本的完美假设的简单算法, 在本例中是一组位图. 称 $\mathcal{A}(S)$ 为将对任意给定的位图输入 $\boldsymbol{x}_i$ 映射到其正确标签 y_i, 并将所有未见过的位图映射为字符 "1" 的假设.

显然, 从经验上来讲, 该假设的工作性能一般来讲将会是非常糟糕的——所有未来没有被观察过的图像都将进行分类, 但这种分类根本不考虑它们的特性, 易见, 这一分类在多数情形下都是错误的. 但是, 训练集（或观测样本）在这一假设下能够被完美分类!

这一令人不安的现象称为 "过拟合", 它是机器学习领域中受关注的一个核心问题. 在向学习理论中添加防止过拟合的必要分量之前, 首先关注何时会出现过拟合的规范表述.

9.1.2   没有免费的午餐

下面的定理表明, 正如统计学习理论中的目标, 在对假设的类型不做任何限制时, 是无法进行学习的. 为简单起见, 本节考虑 0-1 代价.

定理 9.1（没有免费的午餐定理）   考虑任何定义域 $\mathcal{X}$, 其大小为 $|\mathcal{X}| = 2m > 4$, 及任意算法 $\mathcal{A}$, 其输出为在一个给定的样本集 S 上的假设 $\mathcal{A}(S)$. 于是存在一个概念 $C : \mathcal{X} \to \{0, 1\}$ 和一个分布 $\mathcal{D}$, 满足:

- 概念 C 的泛化误差为零.

- 对至少为 $\dfrac{1}{10}$ 的概率, $\mathcal{A}$ 得到假设的误差满足 $\mathrm{error}\,(\mathcal{A}(S)) \geqslant \dfrac{1}{10}$.

这一定理的证明是基于概率方法的, 一个表明组合对象存在性的有用的方法是证明在某种分布的设定下, 其存在的概率总是大于零的. 在本书的设定中, 将证明其以某一概率存在, 而不去显式地构造具有某些要求的特性的概念 C.

证明   下面证明, 对任意学习者, 总是存在（即 "困难的" 概念）使其无法很好地学习的内容. 形式化地说, 令 $\mathcal{D}$ 为 $\mathcal{X}$ 上的均匀分布. 证明的策略是, 先在中间证明, 对一个在所有概念 $\mathcal{X} \mapsto \{0,1\}$ 上的均匀分布, 下面的不等式成立:

$$Q \stackrel{\text{def}}{=} \underset{C:\mathcal{X} \to \{0,1\}}{E} \left[\underset{S \sim \mathcal{D}^m}{E} \left[\text{error} \left(\mathcal{A}\left(S\right)\right)\right]\right] \geqslant \frac{1}{4}$$

然后使用 Markov 不等式来得到定理.

处理的过程首先使用期望的线性性, 它使得期望可以交换顺序, 然后分情况考虑事件 $\boldsymbol{x} \in S$:

$$
\begin{aligned}
Q &= \underset{S}{E} \left[\underset{C}{E} \left[\underset{\boldsymbol{x} \in \mathcal{X}}{E} \left[\mathcal{A}\left(S\right)\left(\boldsymbol{x}\right) \neq C\left(\boldsymbol{x}\right)\right]\right]\right] \\
&= \underset{S,\boldsymbol{x}}{E} \left[\underset{C}{E} \left[\mathcal{A}\left(S\right)\left(\boldsymbol{x}\right) \neq C\left(\boldsymbol{x}\right) \mid \boldsymbol{x} \in S\right] \Pr\left[\boldsymbol{x} \in S\right]\right] \\
&\quad + \underset{S,\boldsymbol{x}}{E} \left[\underset{C}{E} \left[\mathcal{A}\left(S\right)\left(\boldsymbol{x}\right) \neq C\left(\boldsymbol{x}\right) \mid \boldsymbol{x} \notin S\right] \Pr\left[\boldsymbol{x} \notin S\right]\right]
\end{aligned}
$$

上式中的所有项, 特别是第一项, 都是非负的, 且取值至少为 0. 注意到由于定义域的大小为 $2m$, 且样本的大小 $|S| \leqslant m$, 故有 $\Pr\left[\boldsymbol{x} \notin S\right] \geqslant \frac{1}{2}$. 最后, 注意到对所有的 $\boldsymbol{x} \notin S$, $\Pr\left[\mathcal{A}\left(S\right)\left(\boldsymbol{x}\right) \neq C\left(\boldsymbol{x}\right)\right] = \frac{1}{2}$, 因为已经给定取值为 "真" 的概念 C 是在所有可能概念上均匀选取的. 于是, 可以得到:

$$Q \geqslant 0 + \frac{1}{2} \cdot \frac{1}{2} = \frac{1}{4}$$

这就是期望得到的中间步骤. 随机变量 $\underset{S \sim \mathcal{D}^m}{E}\left[\text{error}\left(\mathcal{A}\left(S\right)\right)\right]$ 取值的范围为 $[0,1]$. 由于其期望值至少为 $\frac{1}{4}$, 故取得事件值的可能性至少为 $\frac{1}{4}$, 它是非空的. 因此, 存在一个概念使得

$$\underset{S \sim \mathcal{D}^m}{E}\left[\text{error}\left(\mathcal{A}\left(S\right)\right)\right] \geqslant \frac{1}{4}$$

其中, 如前面假设, $\mathcal{D}$ 为 $\mathcal{X}$ 上的均匀分布.

现在使用 Markov 不等式得到结论: 由于上面误差的期望至少为 $\frac{1}{4}$, 故在样本集上, 一个随机样本使得 $\mathcal{A}$ 的误差不小于 $\frac{1}{10}$ 的概率至少为

$$\Pr_{S \sim \mathcal{D}^m}\left[\operatorname{error}\left(\mathcal{A}\left(S\right)\right) \geqslant \frac{1}{10}\right] \geqslant \frac{\frac{1}{4} - \frac{1}{10}}{1 - \frac{1}{10}} > \frac{1}{10}$$

$\square$

9.1.3   学习问题的例子

前面定理的结论表明, 一个学习问题可能的概念空间必须使用任意有意义的条件进行约束. 因此, 学习理论自身考虑的概念类（也称为假设类）为可能被学习的假设. 记这些概念（或假设）类为 $\mathcal{H} = \{h : \mathcal{X} \mapsto \mathcal{Y}\}$.

可归结为学习问题的常见例子和对应的定义包括:

- 光学字符识别问题, 其定义域 $\mathcal{X}$ 为所有 $n \times n$ 位图图像, 其中 n 为整数, 标签集合 $\mathcal{Y}$ 为拉丁字母, 概念 C 将位图映射为图像所表示的字符. 一个常见的这一问题的（有限）假设类为所有深度有界的决策树.

- 文本线性分类: 定义域为欧氏空间的一个子集, 即 $\mathcal{X} \subseteq \mathbb{R}^d$, 其中, 一个文档表示为承装单词的袋子, d 为字典的大小. 标签集合 $\mathcal{Y}$ 为一个二进制集合, 其中 1 表示某特定的类或主题（例如 “经济”）, 0 则表示其他类. 假设类为所有欧氏空间 $\mathcal{H} = \left\{h_{\boldsymbol{w}}, \boldsymbol{w} \in \mathbb{R}^d, \|\boldsymbol{w}\|_2^2 \leqslant \omega\right\}$ 中范数有界的向量集合, 其中 $h_{\boldsymbol{x}}(\boldsymbol{x}) = \boldsymbol{w}^{\mathrm{T}} \boldsymbol{x}$. 代价函数为 Hinge 代价, 即 $\ell\left(\hat{y}, y\right) = \max\{0, 1 - \hat{y}y\}$.

  其结果对应的公式称为软边界的 SVM, 在前面的章节中遇到过它.

9.1.4 泛化和可学习性的定义

现在可以给出统计学习理论的基本定义, 它称为概率近似正确 (Probably Approximately Correct, PAC) 学习:

定义 9.2 (PAC 可学习性)　一个假设类 $\mathcal{H}$ 相应于代价函数 $\ell : \mathcal{Y} \times \mathcal{Y} \mapsto \mathbb{R}$ 为 PAC 可学习的条件是, 存在一个算法 $\mathcal{A}$, 其输入为 $S_T = \{(\boldsymbol{x}_t, y_t), t \in [T]\}$, 输出为假设 $\mathcal{A}(S_T) \in \mathcal{H}$, 满足: 对任意的 $\varepsilon, \delta > 0$, 存在一个足够大的自然数 $T = T(\varepsilon, \delta)$, 使得对 $(\boldsymbol{x}, y)$ 上定义的任一分布 $\mathcal{D}$ 和服从这一分布的 T 个样本, 至少以概率 $1 - \delta$ 成立

$$\mathrm{error}\,(\mathcal{A}\,(S_T)) \leqslant \varepsilon$$

与这一定义有关的几个说明:

- 从基本分布中得到的样本集合 S_T 称为训练集. 上述定义的误差称为**泛化误差** (generalization error), 因为它描述了由观测的训练集得到的泛化概念的总体误差. 样本数 T 作为参数 ε, δ 和概念类的函数所表现出的行为称为 $\mathcal{H}$ 的**样本复杂度** (sample complexity).

- PAC 学习的定义对计算效率没有任何表述. 作为对上述定义的补充, 计算学习理论通常要求算法 $\mathcal{A}$ 是有效的, 即其执行时间相应于 ε、$\log \frac{1}{\delta}$ 和假设类来说是多项式时间的. 一个有关概念离散集合的**表示大小** (representation size) 被设定为 $\mathcal{H}$ 中假设数量的对数, 记为 $\log |\mathcal{H}|$.

- 若按照上述定义, 学习算法返回属于假设类 $\mathcal{H}$ 的假设 $\mathcal{A}(S_T)$, 则称 $\mathcal{H}$ 为**适于学习的** (properly learnable). 更一般地, $\mathcal{A}$ 可能返回属于其他假设类的假设, 此时称 $\mathcal{H}$ 为**不适于学习的** (non-properly learnable).

学习算法能够学习到任何需要精度 $\varepsilon > 0$ 的事实称为 **可实现假设**（realizability assumption），它大大降低了定义的泛化性. 它等价于要求误差接近零的假设才属于假设类. 在很多情形下, 概念仅仅是在一个给定的假设类下, 大概可以学习的, 或者问题本身固有的噪声阻止了其可实现性（参见习题）.

这一问题可在一个更一般的学习概念中讨论, 这一概念称为**不可知学习**（agnostic learning）:

定义 9.3（不可知 PAC 可学习性）   相应于代价函数 $\ell : \mathcal{Y} \times \mathcal{Y} \mapsto \mathbb{R}$ 的假设类 $\mathcal{H}$ 为不可知 PAC 可学习的条件是, 存在一个算法 $\mathcal{A}$, 其输入为 $S_T = \{(\boldsymbol{x}_t, y_t), t \in [T]\}$ 输出为假设 $\mathcal{A}(S_T)$, 满足: 对任意 $\varepsilon, \delta > 0$, 存在一个足够大的自然数 $T = T(\varepsilon, \delta)$, 使得对 $(\boldsymbol{x}, y)$ 上的任一分布 $\mathcal{D}$ 和服从这一分布的 T 个样本, 至少以概率 $1 - \delta$ 成立

$$\mathrm{error}\,(\mathcal{A}(S_T)) \leqslant \min_{h \in \mathcal{H}} \{\mathrm{error}\,(h)\} + \varepsilon$$

利用这些定义, 可以给出对有限假设类成立的统计学习理论基本定理:

定理 9.4（有限假设类的 PAC 可学习性）   任何有限概念类 $\mathcal{H}$ 都是不可知 PAC 可学习的, 其样本复杂度为 $\mathrm{poly}\,(\varepsilon, \delta \log |\mathcal{H}|)$.

后面的章节将证明这一定理, 事实上, 对特定的无限假设类, 也存在一个更为一般的结论. 给出可学习无限假设类的完整特征是一个更深入也更基本的问题, 其完整的答案由 Vapnik 和 Cheronenkis 给出（参见文献部分）.

有关哪一个（有限或无限）假设类是**有效地**（efficiently）PAC 可学习的问题, 特别是对不适于学习的情形, 现在仍然是一个研究的前沿.

9.2 使用 OCO 的不可知学习

本节证明如何对不可知 PAC 学习使用在线凸优化方法. 根据本书给出的范例, 描述并分析从不可知学习到使用凸代价函数的 OCO 的归约. 这一归约形式化地在算法 26 中进行了描述.

算法 26 归约方法: 学习问题 ⇒ OCO

1: 输入: OCO 算法 $\mathcal{A}$, 凸假设类 $\mathcal{H} \subseteq \mathbb{R}^d$, 凸代价函数 ℓ, 参数 ε, δ.

2: 令 $h_1 \leftarrow \mathcal{A}(\varnothing)$.

3: **for** $t = 1$ 到 T **do**

4:     抽取带标签的样本 $(\boldsymbol{x}_t, y_t) \sim \mathcal{D}$.

5:     令 $f_t(h) = \ell(h(\boldsymbol{x}_t), y_t)$.

6:     更新

$$h_{t+1} = \mathcal{A}(f_1, \cdots, f_t)$$

7: **end for**

8: 返回 $\bar{h} = \dfrac{1}{T} \sum_{t=1}^{T} h_t$.

在这一归约中, 假设概念 (假设) 类为一个欧氏空间的凸子集. 对离散的假设类也可以得到类似的归约 (参见习题). 事实上, 下面研究的技术对任一承认低遗憾算法的假设集 $\mathcal{H}$ 都可以使用, 且可以被推广到已知的可被学习的无限假设类.

令 $h^\star = \underset{h \in \mathcal{H}}{\arg\min} \{\text{error}(h)\}$ 为类 $\mathcal{H}$ 中最小化误差的假设. 给定保证遗憾为次线性的算法 $\mathcal{A}$, 则简单的归约过程就蕴含着下面定理中给出的学习.

定理 9.5 令 $\mathcal{A}$ 为一个 OCO 算法, 在 T 次迭代后, 其遗憾的界为遗憾$_T(\mathcal{A})$. 因此, 对任一 $\delta > 0$,

$$\text{error}\left(\bar{h}\right) \leqslant \text{error}\left(h^\star\right) + \frac{\text{遗憾}_T(\mathcal{A})}{T} + \sqrt{\frac{8\log\left(\frac{2}{\delta}\right)}{T}}$$

至少以概率 $1 - \delta$ 成立, 特别是当 $T = O\left(\frac{1}{\varepsilon^2}\log\frac{1}{\delta} + T_\varepsilon(\mathcal{A})\right)$ 时, 其中 $T_\varepsilon(\mathcal{A})$ 为满足 $\dfrac{\text{遗憾}_T(\mathcal{A})}{T} \leqslant \varepsilon$ 的整数 T, 有

$$\text{error}\left(\bar{h}\right) \leqslant \text{error}\left(h^\star\right) + \varepsilon$$

如何泛化上面的定理? 在前面的章节中, 描述并分析了遗憾界的行为是渐近 $O\left(\sqrt{T}\right)$ 或更好的 OCO 算法. 它可转换样本复杂度为 $O\left(\frac{1}{\varepsilon^2}\log\frac{1}{\delta}\right)$ (参见习题), 这一结果在特定场景下已知是紧的.

为证明这一定理, 需要利用一些概率论工具, 并需特别关注下述不等式.

9.2.1 余项: 度量集中和鞅

此处简单讨论概率论中**鞅** (martingale) 的记号. 直觉上说, 回顾简单的随机游走是很有意义的. 令 X_i 为一个 Rademacher 随机变量, 其取值为

$$X_i = \begin{cases} 1, & \text{概率为 } \frac{1}{2} \\[2mm] -1, & \text{概率为 } \frac{1}{2} \end{cases}$$

一个简单的对称随机游走可描述为这些随机变量的和, 如图 9.1 所示. 令 $X = \sum_{i=1}^{T} X_i$ 为这一随机游走在 T 步后的位置. 该随机变量的期望和方差为 $E[X]$, $\text{Var}(X) = T$.

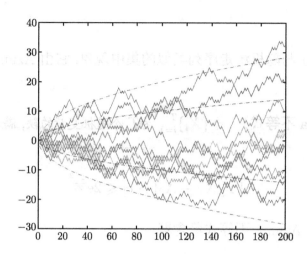

图 9.1　对称随机游走: 12 个 200 步的试验. 黑色的点划线分别为函数 $\pm\sqrt{x}$ 和 $\pm 2\sqrt{x}$

度量集中的现象给出了一个随机变量取到其标准差范围之内值的概率. 对随机变量 X, 这一概率远大于仅使用第一时刻和第二时刻的期望值. 仅使用方差, 可以根据 Chebychev 不等式得到

$$\Pr\left[|X| \geqslant c\sqrt{T}\right] \leqslant \frac{1}{c^2}$$

但 $|X|$ 以 $O\left(\sqrt{T}\right)$ 为中心的事实有更紧的结果, 它可以由下面的 Hoeffding-Chernoff 引理界定:

$$\Pr\left[|X| \geqslant c\sqrt{T}\right] \leqslant 2\mathrm{e}^{\frac{-c^2}{2}} \qquad \text{Hoeffding-Chernoff 引理}$$

因此, 偏离标准差一个常数会使得概率呈指数型, 而不是多项式型下降. 这一深入研究的现象被推广到弱相依随机变量和鞅的和上, 对应用有着重要的意义.

定义 9.6　一个随机变量的序列 $X_1, X_2, \cdots$ 若满足

$$E\left[X_{t+1}|X_t, X_{t-1}, \cdots, X_1\right] = X_t, \quad \forall t > 0$$

则被称为一个鞅.

在鞅中出现了与随机游走序列类似的集中现象. 它由 Azuma 在下面的定理中给出.

定理 9.7（Azuma 不等式）   令 $\{X_i\}_{i=1}^T$ 为 T 个随机变量的鞅, 满足 $|X_i - X_{i+1}| \leqslant 1$. 于是

$$\Pr\left[|X_T - X_0| > c\right] \leqslant 2\mathrm{e}^{\frac{-c^2}{2T}}$$

根据对称性, Azuma 不等式蕴含着

$$\Pr\left[X_T - X_0 > c\right] = \Pr\left[X_0 - X_T > c\right] \leqslant \mathrm{e}^{\frac{-c^2}{2T}} \tag{9.1}$$

9.2.2 对归约的分析

现在可以证明算法 26 中归约的性能了. 为简单起见, 假设代价函数 ℓ 在有界区间 $[0,1]$ 内, 即

$$\forall \hat{y}, y \in \mathcal{Y}, \quad \ell\left(\hat{y}, y\right) \in [0,1]$$

定理 9.5 的证明   首先从一个鞅中定义一个随机变量的序列. 令

$$Z_t \triangleq \mathrm{error}\left(h_t\right) - \ell\left(h_t\left(\boldsymbol{x}_t\right), y_t\right), \quad X_t \triangleq \sum_{i=1}^t Z_i$$

下面验证 $\{X_t\}$ 实际上是一个有界的鞅. 利用 $\mathrm{error}\left(h\right)$ 的定义, 有

$$\mathop{E}_{(\boldsymbol{x},y)\sim\mathcal{D}}\left[Z_t \mid X_{t-1}\right] = \mathrm{error}\left(h_t\right) - \mathop{E}_{(\boldsymbol{x},y)\sim\mathcal{D}}\left[\ell\left(h_t\left(\boldsymbol{x}\right), y\right)\right] = 0$$

故由 Z_t 的定义有

$$E\left[X_{t+1} \mid X_t, \cdots, X_1\right] = E\left[Z_{t+1} \mid X_t\right] + X_t = X_t$$

此外, 根据代价函数有界的假定, 有（参见习题）

$$|X_t - X_{t-1}| = |Z_t| \leqslant 1 \tag{9.2}$$

因此可对鞅 $\{X_t\}$ 应用 Azuma 定理, 或者是式 (9.1) 的结论, 即可得到

$$\Pr[X_T > c] \leqslant e^{\frac{-c^2}{2T}}$$

代入 X_T 的定义, 除以 T, 并令 $c = \sqrt{2T \log\left(\frac{2}{\delta}\right)}$:

$$\Pr\left[\frac{1}{T}\sum_{t=1}^T \text{error}(h_t) - \frac{1}{T}\sum_{t=1}^T \ell(h_t(\boldsymbol{x}_t), y_t) > \sqrt{\frac{2\log\left(\frac{2}{\delta}\right)}{T}}\right] \leqslant \frac{\delta}{2} \tag{9.3}$$

对 $h^\star$, 而不是 h_t, 类似地可以定义鞅, 并重复类似的定义及应用 Azuma 不等式可得:

$$\Pr\left[\frac{1}{T}\sum_{t=1}^T \text{error}(h^\star) - \frac{1}{T}\sum_{t=1}^T \ell(h^\star(\boldsymbol{x}_t), y_t) < -\sqrt{\frac{2\log\left(\frac{2}{\delta}\right)}{T}}\right] \leqslant \frac{\delta}{2} \tag{9.4}$$

为书写方便, 使用如下的记号:

$$\Gamma_1 = \frac{1}{T}\sum_{t=1}^T \text{error}(h_t) - \frac{1}{T}\sum_{t=1}^T \ell(h_t(\boldsymbol{x}_t), y_t)$$

$$\Gamma_2 = \frac{1}{T}\sum_{t=1}^T \text{error}(h^\star) - \frac{1}{T}\sum_{t=1}^T \ell(h^\star(\boldsymbol{x}_t), y_t)$$

接下来, 注意到

$$\frac{1}{T}\sum_{t=1}^T \text{error}(h_t) - \text{error}(h^\star)$$

$$= \Gamma_1 - \Gamma_2 + \frac{1}{T}\sum_{t=1}^{T}\ell\left(h_t\left(\boldsymbol{x}_t\right), y_t\right) - \frac{1}{T}\sum_{t=1}^{T}\ell\left(h^\star\left(\boldsymbol{x}_t\right), y_t\right)$$

$$\leqslant \frac{\text{遗憾}_T\left(\mathcal{A}\right)}{T} + \Gamma_1 - \Gamma_2$$

其中, 在最后一个不等式中使用了定义 $f_t\left(h\right) = \ell\left(h\left(\boldsymbol{x}_t\right), y_t\right)$. 由上式及不等式 (9.3) 和不等式 (9.4), 可得

$$\Pr\left[\frac{1}{T}\sum_{t=1}^{T}\text{error}\left(h_t\right) - \text{error}\left(h^\star\right) > \frac{\text{遗憾}_T\left(\mathcal{A}\right)}{T} + 2\sqrt{\frac{2\log\left(\frac{2}{\delta}\right)}{T}}\right]$$

$$\leqslant \Pr\left[\Gamma_1 - \Gamma_2 > 2\sqrt{\frac{2\log\left(\frac{2}{\delta}\right)}{T}}\right]$$

$$\leqslant \Pr\left[\Gamma_1 > \sqrt{\frac{2\log\left(\frac{2}{\delta}\right)}{T}}\right] + \Pr\left[\Gamma_2 \leqslant -\sqrt{\frac{2\log\left(\frac{2}{\delta}\right)}{T}}\right]$$

$$\leqslant \delta \qquad \text{不等式 (9.3), 不等式 (9.4)}$$

利用凸性可得 $\text{error}\left(\bar{h}\right) \leqslant \frac{1}{T}\sum_{t=1}^{T}\text{error}\left(h_t\right)$. 因此, 在概率至少为 $1 - \delta$ 时,

$$\text{error}\left(\bar{h}\right) \leqslant \frac{1}{T}\sum_{t=1}^{T}\text{error}\left(h_t\right) \leqslant \text{error}\left(h^\star\right) + \frac{\text{遗憾}_T\left(\mathcal{A}\right)}{T} + \sqrt{\frac{8\log\left(\frac{2}{\delta}\right)}{T}}$$

$\square$

9.3 习题

1. 强化没有免费的午餐定理 9.1, 证明下面的结论: 对任一 $\varepsilon > 0$, 存在一个有限定义域 $\mathcal{X}$, 使得对任何给定一个样本 S 输出假设 $\mathcal{A}(S)$ 的学习算法 $\mathcal{A}$, 存在一个分布 $\mathcal{D}$ 和一个概念 $C : \mathcal{X} \mapsto \{0, 1\}$ 使得

- $\mathrm{error}\,(C) = 0$

- $E_{\mathcal{S} \sim \mathcal{D}^m}\,[\mathrm{error}\,(\mathcal{A}\,(S))] \geqslant \dfrac{1}{2} - \varepsilon$

2. 令 $\mathcal{A}$ 为一个有限假设类 $\mathcal{H} : \mathcal{X} \mapsto \mathcal{Y}$ 上的不可知学习算法, 其代价函数为 0-1 函数. 考虑任一由 $\mathcal{H}$ 实现的概念 $C : \mathcal{X} \mapsto \mathcal{Y}$, 以概率 $\varepsilon_0 > 0$ 得到的独立抽样 x, 及替换定义域上每一个元素 $x \in X$ 的标签得到的概念 $\hat{C}$. 也即:

$$
\hat{C}\,(x) = \begin{cases} 1, & \text{概率为 } \dfrac{\varepsilon_0}{2} \\[2mm] 0, & \text{概率为 } \dfrac{\varepsilon_0}{2} \\[2mm] C\,(x), & \text{其他情形} \end{cases}
$$

证明 $\mathcal{A}$ 为概念 $\hat{C}$ 的 ε 近似, 即证明 $\mathcal{A}$ 可用于得到一个假设 $h_\mathcal{A}$, 使得误差

$$
\mathop{\mathrm{error}}_{\mathcal{D}}\,(h_\mathcal{A}) \leqslant \frac{1}{2}\varepsilon_0 + \varepsilon
$$

任意 ε, δ 的概率都至少为 $1 - \delta$, 其中抽样的复杂度为 $\dfrac{1}{\varepsilon}$, $\log \dfrac{1}{\delta}$, $\log |\mathcal{H}|$ 的多项式.

3. 证明不等式 (9.2).

4. (SVM 的抽样复杂度) 考虑由欧氏空间中有界范数给出的超平面得到的假设类:

$$
\mathcal{H} = \left\{ \boldsymbol{x} \in \mathbb{R}^d, \|\boldsymbol{x}\|_2 \leqslant \lambda \right\}
$$

给出一个对该类使用从归约算法 26 得到的, 以 hinge 函数为代价函数的 PAC 学习算法. 分析结果的计算和抽样复杂度.

5. 说明如何使用改进的归约算法 26 学习一个有限（非凸）假设类.

提示: 考虑随机返回一个假设, 而不是返回 $\hat{h}$.

9.4　文献点评

统计和计算学习理论的基础分别是在 Vapnik [106] 和 Valiant [105] 的研讨会工作提出的. 关于统计和计算学习理论有着大量引人入胜的文献, 例如, 参见 [65].

从在线问题归约到统计（又称为"批处理"）问题的设定最早是由 Little-stone[72] 开始的. 更紧和更一般的界在 [27, 28, 109] 中进行了研究.

概率方法应归功于 Paul Erdos, 参见 Alon 和 Spencer 富有启发性的文献 [10].

参考文献

[1] Jacob Abernethy, Rafael M. Frongillo, and Andre Wibisono. Minimax option pricing meets black-scholes in the limit. In *Proceedings of the Forty-fourth Annual ACM Symposium on Theory of Computing*, STOC '12, pages 1029-1040, New York, NY, USA, 2012. ACM.

[2] Jacob Abernethy, Elad Hazan, and Alexander Rakhlin. Competing in the dark: An efficient algorithm for bandit linear optimization. In *Proceedings of the 21st Annual Conference on Learning Theory*, pages 263-274, 2008.

[3] Jacob Abernethy, Chansoo Lee, Abhinav Sinha, and Ambuj Tewari. On-line linear optimization via smoothing. In *Proceedings of The 27th Conference on Learning Theory*, pages 807-823, 2014.

[4] Jacob Abernethy, Chansoo Lee, and Ambuj Tewari. Perturbation techniques in online learning and optimization. In Tamir Hazan, George Papandreou, and Daniel Tarlow, editors, *Perturbations, Optimization, and Statistics*, Neural Information Processing Series, chapter 8. MIT Press, 2016. to appear.

[5] Jacob Abernethy and Alexander Rakhlin. Beating the adaptive bandit with high probability. In *Proceedings of the 22nd Annual Conference on Learning Theory*, 2009.

[6] Ilan Adler. The equivalence of linear programs and zero-sum games. *International Journal of Game Theory*, 42(1): 165-177, 2013.

[7] Amit Agarwal, Elad Hazan, Satyen Kale, and Robert E. Schapire. Algorithms for portfolio management based on the newton method. In *Proceedings of the 23rd International Conference on Machine Learning*, ICML '06, pages 9-16, New York, NY, USA, 2006. ACM.

[8] Donald J. Albers, Constance Reid, and George B. Dantzig. An interview with george b. dantzig: The father of linear programming. *The College Mathematics Journal*, 17(4): pp. 292-314, 1986.

[9] Zeyuan Allen-Zhu and Elad Hazan. Optimal black-box reductions between optimization objectives. *CoRR*, abs/1603.05642, 2016.

[10] Noga Alon and Joel Spencer. *The Probabilistic Method*. John Wiley, 1992.

[11] Sanjeev Arora, Elad Hazan, and Satyen Kale. The multiplicative weights update method: a meta-algorithm and applications. *Theory of Computing*, 8(6): 121-164, 2012.

[12] Jean-Yves Audibert and Sébastien Bubeck. Minimax policies for adversarial and stochastic bandits. In *COLT 2009 - The 22nd Conference on Learning Theory, Montreal, Quebec, Canada, June 18-21, 2009*, 2009.

[13] Peter Auer, Nicolò Cesa-Bianchi, Yoav Freund, and Robert E. Schapire. The nonstochastic multiarmed bandit problem. *SIAM J. Comput.*, 32(1): 48-77, 2003.

[14] Baruch Awerbuch and Robert Kleinberg. Online linear optimization and

adaptive routing. *J. Comput. Syst. Sci.*, 74(1): 97-114, 2008.

[15] Katy S. Azoury and M. K. Warmuth. Relative loss bounds for on-line density estimation with the exponential family of distributions. *Mach. Learn.*, 43(3): 211-246, June 2001.

[16] Francis Bach, Simon Lacoste-Julien, and Guillaume Obozinski. On the equivalence between herding and conditional gradient algorithms. In John Langford and Joelle Pineau, editors, *Proceedings of the 29th International Conference on Machine Learning (ICML-12)*, ICML '12, pages 1359-1366, New York, NY, USA, July 2012. Omnipress.

[17] Louis Bachelier. Théorie de la spéculation. *Annales Scientifiques de l'École Normale Supérieure*, 3(17): 21-86, 1900.

[18] Aurélien Bellet, Yingyu Liang, Alireza Bagheri Garakani, Maria-Florina Balcan, and Fei Sha. Distributed frank-wolfe algorithm: A unied framework for communication-efficient sparse learning. *CoRR*, abs/1404.2644, 2014.

[19] Fischer Black and Myron Scholes. The pricing of options and corporate liabilities. *Journal of Political Economy*, 81(3): 637-654, 1973.

[20] Avrim Blum and Adam Kalai. Universal portfolios with and without transaction costs. *Mach. Learn.*, 35(3): 193-205, June 1999.

[21] J.M. Borwein and A.S. Lewis. *Convex Analysis and Nonlinear Optimization: Theory and Examples*. CMS Books in Mathematics. Springer, 2006.

[22] Bernhard E. Boser, Isabelle M. Guyon, and Vladimir N. Vapnik. A train-

ing algorithm for optimal margin classiers. In *Proceedings of the Fifth Annual Workshop on Computational Learning Theory*, COLT '92, pages 144-152, 1992.

[23] S. Boyd and L. Vandenberghe. *Convex Optimization*. Cambridge University Press, March 2004.

[24] Sébastien Bubeck. Convex optimization: Algorithms and complexity. *Foundations and Trends in Machine Learning*, 8(3-4): 231-357, 2015.

[25] Sébastien Bubeck and Nicolò Cesa-Bianchi. Regret analysis of stochastic and nonstochastic multi-armed bandit problems. *Foundations and Trends in Machine Learning*, 5(1): 1-122, 2012.

[26] E. Candes and B. Recht. Exact matrix completion via convex optimization. *Foundations of Computational Mathematics*, 9: 717-772, 2009.

[27] N. Cesa-Bianchi, A. Conconi, and C. Gentile. On the generalization ability of on-line learning algorithms. *IEEE Trans. Inf. Theor.*, 50(9): 2050-2057, September 2006.

[28] N. Cesa-Bianchi and C. Gentile. Improved risk tail bounds for on-line algorithms. *Information Theory, IEEE Transactions on*, 54(1): 386-390, Jan 2008.

[29] Nicolò Cesa-Bianchi and Gábor Lugosi. *Prediction, Learning, and Games*. Cambridge University Press, 2006.

[30] Kenneth L. Clarkson, Elad Hazan, and David P. Woodruff. Sublinear optimization for machine learning. *J. ACM*, 59(5): 23: 1-23: 49, November

2012.

[31] Corinna Cortes and Vladimir Vapnik. Support-vector networks. *Machine Learning*, 20(3): 273-297, 1995.

[32] Thomas Cover. Universal portfolios. *Math. Finance*, 1(1): 1-19, 1991.

[33] Varsha Dani, Thomas Hayes, and Sham Kakade. The price of bandit information for online optimization. In J.C. Platt, D. Koller, Y. Singer, and S. Roweis, editors, *Advances in Neural Information Processing Systems 20*. MIT Press, Cambridge, MA, 2008.

[34] G. B. Dantzig. *Maximization of a Linear Function of Variables Subject to Linear Inequalities, in Activity Analysis of Production and Allocation*, chapter XXI. Wiley, New York, 1951.

[35] Ofer Dekel, Ambuj Tewari, and Raman Arora. Online bandit learning against an adaptive adversary: from regret to policy regret. In *Proceedings of the 29th International Conference on Machine Learning, ICML 2012, Edinburgh, Scotland, UK, June 26 - July 1, 2012*, 2012.

[36] Peter DeMarzo, Ilan Kremer, and Yishay Mansour. Online trading algorithms and robust option pricing. In *STOC '06: Proceedings of the thirty-eighth annual ACM symposium on Theory of computing*, pages 477-486, 2006.

[37] John Duchi, Elad Hazan, and Yoram Singer. Adaptive subgradient methods for online learning and stochastic optimization. *The Journal of Machine Learning Research*, 12: 2121-2159, 2011.

[38] John C. Duchi, Elad Hazan, and Yoram Singer. Adaptive subgradient methods for online learning and stochastic optimization. In *COLT 2010 - The 23rd Conference on Learning Theory, Haifa, Israel, June 27-29, 2010,* pages 257-269, 2010.

[39] Miroslav Dudík, Zaïd Harchaoui, and Jéerôme Malick. Lifted coordinate descent for learning with trace-norm regularization. *Journal of Machine Learning Research - Proceedings Track*, 22: 327-336, 2012.

[40] E. Even-Dar, S. Kakade, and Y. Mansour. Online markov decision processes. *Mathematics of Operations Research*, 34(3): 726-736, 2009.

[41] Eyal Even-dar, Yishay Mansour, and Uri Nadav. On the convergence of regret minimization dynamics in concave games. In *Proceedings of the Forty-rst Annual ACM Symposium on Theory of Computing*, STOC '09, pages 523-532, 2009.

[42] Abraham Flaxman, Adam Tauman Kalai, and H. Brendan McMahan. Online convex optimization in the bandit setting: Gradient descent without a gradient. In *Proceedings of the 16th Annual ACM-SIAM Symposium on Discrete Algorithms*, pages 385-394, 2005.

[43] M. Frank and P. Wolfe. An algorithm for quadratic programming. *Naval Research Logistics Quarterly*, 3: 149-154, 1956.

[44] Yoav Freund and Robert E. Schapire. A decision-theoretic generalization of on-line learning and an application to boosting. *J. Comput. Syst. Sci.*, 55(1): 119-139, August 1997.

[45] Yoav Freund and Robert E. Schapire. Adaptive game playing using multi-plicative weights. *Games and Economic Behavior*, 29(1-2): 79-103, 1999.

[46] Dan Garber and Elad Hazan. Approximating semidefinite programs in sublinear time. In *NIPS*, pages 1080-1088, 2011.

[47] Dan Garber and Elad Hazan. Playing non-linear games with linear oracles. In *FOCS*, pages 420-428, 2013.

[48] A. J. Grove, N. Littlestone, and D. Schuurmans. General convergence results for linear discriminant updates. *Machine Learning*, 43(3): 173-210, 2001.

[49] James Hannan. Approximation to bayes risk in repeated play. *In M. Dresher, A. W. Tucker, and P. Wolfe, editors, Contributions to the Theory of Games, volume 3*, pages 97-139, 1957.

[50] Zaïd Harchaoui, Matthijs Douze, Mattis Paulin, Miroslav Dudík, and Jérôme Malick. Large-scale image classification with trace-norm regu-larization. In *CVPR*, pages 3386-3393, 2012.

[51] Sergiu Hart and Andreu Mas-Colell. A simple adaptive procedure leading to correlated equilibrium. *Econometrica*, 68(5): 1127-1150, 2000.

[52] Elad Hazan. *Efficient Algorithms for Online Convex Optimization and Their Applications*. PhD thesis, Princeton University, Princeton, NJ, USA, 2006. AAI3223851.

[53] Elad Hazan. A survey: The convex optimization approach to regret min-imization. In Suvrit Sra, Sebastian Nowozin, and Stephen J. Wright,

editors, *Optimization for Machine Learning*, pages 287-302. MIT Press, 2011.

[54] Elad Hazan, Amit Agarwal, and Satyen Kale. Logarithmic regret algorithms for online convex optimization. In *Machine Learning*, volume 69(2-3), pages 169-192, 2007.

[55] Elad Hazan and Satyen Kale. Extracting certainty from uncertainty: Regret bounded by variation in costs. In *The 21st Annual Conference on Learning Theory (COLT)*, pages 57-68, 2008.

[56] Elad Hazan and Satyen Kale. On stochastic and worst-case models for investing. In *Advances in Neural Information Processing Systems 22*. MIT Press, 2009.

[57] Elad Hazan and Satyen Kale. Beyond the regret minimization barrier: an optimal algorithm for stochastic strongly-convex optimization. *Journal of Machine Learning Research - Proceedings Track*, pages 421-436, 2011.

[58] Elad Hazan and Satyen Kale. Projection-free online learning. In *ICML*, 2012.

[59] Elad Hazan, Tomer Koren, and Nati Srebro. Beating sgd: Learning svms in sublinear time. In *Advances in Neural Information Processing Systems*, pages 1233-1241, 2011.

[60] Martin Jaggi. Revisiting frank-wolfe: Projection-free sparse convex optimization. In *ICML*, 2013.

[61] Martin Jaggi and Marek Sulovský. A simple algorithm for nuclear norm

regularized problems. In *ICML*, pages 471-478, 2010.

[62] Adam Kalai and Santosh Vempala. Efficient algorithms for universal portfolios. *J. Mach. Learn. Res.*, 3: 423-440, March 2003.

[63] Adam Kalai and Santosh Vempala. Efficient algorithms for online decision problems. *Journal of Computer and System Sciences*, 71(3): 291-307, 2005.

[64] L.V. Kantorovich. A new method of solving some classes of extremal problems. *Doklady Akad Sci USSR*, 28: 211-214, 1940.

[65] Michael J. Kearns and Umesh V. Vazirani. *An Introduction to Computational Learning Theory*. MIT Press, Cambridge, MA, USA, 1994.

[66] Jyrki Kivinen and Manfred K. Warmuth. Exponentiated gradient versus gradient descent for linear predictors. *Inf. Comput.*, 132(1): 1-63, 1997.

[67] Jyrki Kivinen and Manfred K. Warmuth. Relative loss bounds for multidimensional regression problems. *Machine Learning*, 45(3): 301-329, 2001.

[68] Jyrki Kivinen and ManfredK. Warmuth. Averaging expert predictions. In Paul Fischer and HansUlrich Simon, editors, *Computational Learning Theory*, volume 1572 of *Lecture Notes in Computer Science*, pages 153-167. Springer Berlin Heidelberg, 1999.

[69] Simon Lacoste-Julien, Martin Jaggi, Mark W. Schmidt, and Patrick Pletscher. Block-coordinate frank-wolfe optimization for structural svms. In *Proceedings of the 30th International Conference on Machine Learning,*

ICML 2013, Atlanta, GA, USA, 16-21 June 2013, pages 53-61, 2013.

[70] J. Lee, B. Recht, R. Salakhutdinov, N. Srebro, and J. A. Tropp. Practical large-scale optimization for max-norm regularization. In *NIPS*, pages 1297-1305, 2010.

[71] N. Littlestone and M. K. Warmuth. The weighted majority algorithm. In *Proceedings of the 30th Annual Symposium on the Foundations of Computer Science*, pages 256-261, 1989.

[72] Nick Littlestone. From on-line to batch learning. In *Proceedings of the Second Annual Workshop on Computational Learning Theory*, COLT '89, pages 269-284, 1989.

[73] Nick Littlestone and Manfred K. Warmuth. The weighted majority algorithm. *Information and Computation*, 108(2): 212-261, 1994.

[74] S. Mannor and N. Shimkin. The empirical bayes envelope and regret minimization in competitive markov decision processes. *Mathematics of Operations Research*, 28(2): 327-345, 2003.

[75] H. Brendan McMahan and Matthew J. Streeter. Adaptive bound optimization for online convex optimization. In *COLT 2010 – The 23rd Conference on Learning Theory, Haifa, Israel, June 27-29, 2010*, pages 244-256, 2010.

[76] Arkadi S. Nemirovski and David B. Yudin. *Problem Complexity and Method Efficiency in Optimization*. John Wiley UK/USA, 1983.

[77] A.S. Nemirovskii. Interior point polynomial time methods in convex pro-

gramming, 2004. Lecture Notes.

[78] Y. Nesterov. *Introductory Lectures on Convex Optimization: A Basic Course*. Applied Optimization. Springer, 2004.

[79] Y. E. Nesterov and A. S. Nemirovskii. *Interior Point Polynomial Algorithms in Convex Programming*. SIAM, Philadelphia, 1994.

[80] Gergely Neu, András György, Csaba Szepesvári, and András Antos. Online markov decision processes under bandit feedback. *IEEE Trans. Automat. Contr.*, 59(3): 676-691, 2014.

[81] John Von Neumann and Oskar Morgenstern. *Theory of Games and Economic Behavior*. Princeton University Press, 1944.

[82] Francesco Orabona and Koby Crammer. New adaptive algorithms for online classification. In *Proceedings of the 24th Annual Conference on Neural Information Processing Systems 2010.*, pages 1840-1848, 2010.

[83] M. F. M. Osborne. Brownian motion in the stock market. *Operations Research*, 2: 145-173, 1959.

[84] Serge A. Plotkin, David B. Shmoys, and Éva Tardos. Fast approximation algorithms for fractional packing and covering problems. *Mathematics of Operations Research*, 20(2): 257-301, 1995.

[85] Alexander Rakhlin. Lecture notes on online learning. Lecture Notes, 2009.

[86] Alexander Rakhlin, Ohad Shamir, and Karthik Sridharan. Making gradient descent optimal for strongly convex stochastic optimization. In *ICML*, 2012.

[87] Alexander Rakhlin and Karthik Sridharan. Theory of statistical learning and sequential prediction. Lecture Notes, 2014.

[88] Jasson D. M. Rennie and Nathan Srebro. Fast maximum margin matrix factorization for collaborative prediction. In *Proceedings of the 22Nd International Conference on Machine Learning*, ICML '05, pages 713-719, New York, NY, USA, 2005. ACM.

[89] Kurt Riedel. A sherman-morrison-woodbury identity for rank augmenting matrices with application to centering. *SIAM J. Mat. Anal.*, 12(1): 80-95, January 1991.

[90] Herbert Robbins. Some aspects of the sequential design of experiments. *Bull. Amer. Math. Soc.*, 58(5): 527-535, 1952.

[91] Herbert Robbins and Sutton Monro. A stochastic approximation method. *The Annals of Mathematical Statistics*, 22(3): 400-407, 09 1951.

[92] R.T. Rockafellar. *Convex Analysis*. Convex Analysis. Princeton University Press, 1997.

[93] Tim Roughgarden. Intrinsic robustness of the price of anarchy. *Journal of the ACM*, 62(5): 32: 1-32: 42, November 2015.

[94] R. Salakhutdinov and N. Srebro. Collaborative ltering in a nonuniform world: Learning with the weighted trace norm. In *NIPS*, pages 2056-2064, 2010.

[95] Bernhard Schölkopf and Alexander J. Smola. *Learning with Kernels: Support Vector Machines, Regularization, Optimization, and Beyond*. MIT

Press, 2002.

[96] Shai Shalev-Shwartz. *Online Learning: Theory, Algorithms, and Applications*. PhD thesis, The Hebrew University of Jerusalem, 2007.

[97] Shai Shalev-Shwartz. Online learning and online convex optimization. *Foundations and Trends in Machine Learning*, 4(2): 107-194, 2011.

[98] Shai Shalev-Shwartz, Alon Gonen, and Ohad Shamir. Large-scale convex minimization with a low-rank constraint. In *ICML*, pages 329-336, 2011.

[99] Shai Shalev-Shwartz and Yoram Singer. A primal-dual perspective of online learning algorithms. *Machine Learning*, 69(2-3): 115-142, 2007.

[100] Shai Shalev-Shwartz, Yoram Singer, Nathan Srebro, and Andrew Cotter. Pegasos: primal estimated sub-gradient solver for svm. *Math. Program.*, 127(1): 3-30, 2011.

[101] O. Shamir and S. Shalev-Shwartz. Collaborative filtering with the trace norm: Learning, bounding, and transducing. *JMLR - Proceed-ings Track*, 19: 661-678, 2011.

[102] Ohad Shamir and Tong Zhang. Stochastic gradient descent for nonsmooth optimization: Convergence results and optimal averaging schemes. In *ICML*, 2013.

[103] Nathan Srebro. *Learning with Matrix Factorizations*. PhD thesis, Massachusetts Institute of Technology, 2004.

[104] Ambuj Tewari, Pradeep D. Ravikumar, and Inderjit S. Dhillon. Greedy algorithms for structurally constrained high dimensional problems. In

NIPS, pages 882-890, 2011.

[105] L. G. Valiant. A theory of the learnable. *Commun. ACM*, 27(11): 1134-1142, November 1984.

[106] Vladimir N. Vapnik. *Statistical Learning Theory*. Wiley-Interscience, 1998.

[107] J. Y. Yu, S. Mannor, and N. Shimkin. Markov decision processes with arbitrary reward processes. *Mathematics of Operations Research*, 34(3): 737-757, 2009.

[108] Jia Yuan Yu and Shie Mannor. Arbitrarily modulated markov decision processes. In *Proceedings of the 48th IEEE Conference on Decision and Control*, pages 2946-2953, 2009.

[109] Tong Zhang. Data dependent concentration bounds for sequential prediction algorithms. In *Proceedings of the 18th Annual Conference on Learning Theory*, COLT'05, pages 173-187, 2005.

[110] Martin Zinkevich. Online convex programming and generalized infinitesimal gradient ascent. In *Proceedings of the 20th International Conference on Machine Learning*, pages 928-936, 2003.